LA
CUISINIÈRE
DES CUISINIÈRES.

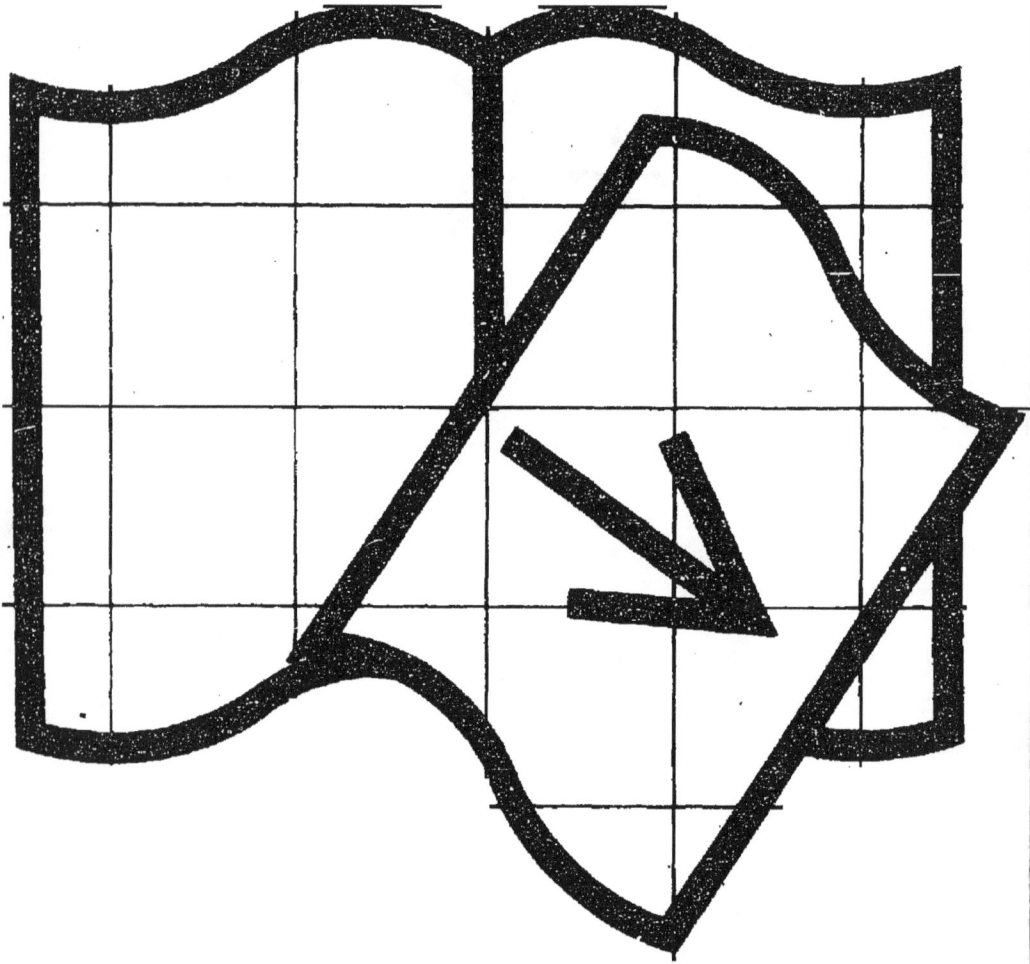

LA
CUISINIÈRE
DES CUISINIÈRES,

De la Ville et de la Campagne,

MANUEL COMPLET DE CUISINE

À l'Usage de tous ceux qui se mêlent de la Dépense des Maisons.

NOUVELLE EDITION,

REVUE PAR MOZARD, EX-CHEF D'OFFICE.

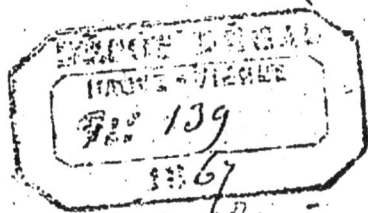

LIMOGES

Eugène ARDANT et C. THIBAUT,

Imprimeurs-Libraires-Éditeurs.

—

1867

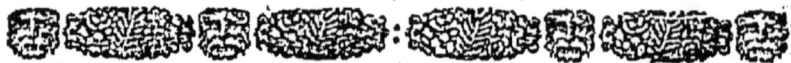

LA CUISINIÈRE

DES

CUISINIÈRES.

CHAPITRE Ier.

PRODUITS DE LA NATURE DANS LES QUATRE SAISONS DE L'ANNÉE.

PRINTEMPS. — MARS, AVRIL, MAI.

Je suivrai l'ordre des saisons, et commencerai par le printemps, qui comprend mars, avril et mai. Si cette partie de l'année est la plus agréable, elle est aussi la plus ingrate en volaille, gibier, légumes et fruits.

Je ne parlerai point du bœuf, puisqu'il est de toute saison. Le bon mouton, jusqu'au mois de juin, est celui de Reims et de Beauvais; le veau de lait, pris sous la mère; l'agneau de lait; les poulets gras à la reine, les poulets aux œufs, les poulets de grain, les canetons de Rouen; les dindons, les gros pigeons de Reims et romains, les pigeons de volière, les canetons et les oisons.

En gibier, les levrauts et les lapereaux.

En venaison, les marcassins, le chevreuil et le chevrillart.

En poisson d'eau douce, nous avons l'alose de Loire et de Seine, la dernière supérieure à la première; la truite de Normandie, le saumon de Loire et de Seine, la lotte ou barbote et l'écrevisse; pour le reste du poisson d'eau douce, la brème, la carpe, l'anguille, le brochet, la tanche: la perche n'est pas bonne en avril et mai, parce qu'elle fraie; en poisson de mer, nous avons pour nouveauté l'esturgeon et le maquereau; le reste du poisson comme en hiver.

Outre ces animaux aquatiques, nous avons les productions que la terre nous fournit, qui sont les artichauts : les violets sont les meilleurs ; les asperges vertes, les mousserons et les morilles, les petits pois, les cardes de poirée, les salsifis et scorsonèresa.

EN HERBES POTAGÈRES.

Nous avons les épinards nouveaux, les laitues, les petites raves, l'oseille, la bonne-dame, le cerfeuil.

EN FRUITS.

Nous avons, quand l'année est prématurée, les abricots verts, les amandes vertes, les fraises, les cerises précoces et les groseilles.

ÉTÉ. — JUIN, JUILLET, AOUT.

Nous entrons dans l'été, qui comprend juin, juillet et août, pour jouir des productions que la nature a mises dans leur maturité, et qu'elle nous a préparées par le printemps.

La viande de boucherie comme au printemps,

EN VOLAILLE.

Toutes sortes de bons poulets, les dindons communs et angraissés, la poularde nouvelle. Sur la fin de l'été, le coq-vierge, le caneton de Rouen ; pour entrées, les oisons et canetons, les pigeons de toutes espèces.

EN VENAISON.

Le chevreuil et le chevrillart, le sanglier, le marcassin et le paon.

EN GIBIER A POIL.

Les levrauts et les lapereaux.

EN MENU GIBIER.

La caille et le cailleteau de vigne, le perdreau rouge et gris, le ramereau, le tourtereau, le faisandeau et l'albran sur la fin de l'été, la grive de vigne, le bec-figue, et tous les oiseaux gras.

EN POISSON.

Dans cette saison, il y a peu de bon poisson de mer, excepté la morue nouvelle.

EN POISSON DE RIVIÈRE.

Nous avons la carpe, la perche, la truite de mer et de rivière.

EN LÉGUMES.

Des petits pois, des haricots verts, des fèves de marais, des concombres et des choux-fleurs.

EN HERBES POTAGÈRES.

Des laitues, des chicons de toutes sortes, des choux, des racines nouvelles, des oignons nouveaux, des poireaux, du pourpier, de la chicorée blanche, du cerfeuil, estracon, corne de cerf, baume, ciboulette et perce-pierre.

EN FRUITS.

Pêches, prunes de toutes espèces, abricots, figues, bigarreaux et cerises tardives, groseilles mûres, melon et poires de blanquette.

AUTOMNE. — SEPTEMBRE, OCTOBRE, NOVEMBRE.

L'automne, qui comprend les mois de septembre, octobre et novembre, nous fournit abondamment tout ce que l'on peut désirer pour les délices de la table, par la récolte des vins et des fruits à pépins de toutes espèces, la bonté de la volaille et la variété de toutes sortes de gibier et venaison, poisson d'eau douce et de mer.

EN VIANDE DE BOUCHERIE.

Le bon mouton des Ardennes, de Présalé, de Cherbourg, de Beauvais, de Reims, de Dieppe et d'Avranches; le veau de Pontoise, de Rouen, de Caen, de Montargis; et de lait, aux environs de Paris; le porc frais.

EN VOLAILLE.

Nous avons toutes sortes de bons poulets, poulardes et chapons; celles d'Anjou et du Mans, de Barbezieux, de Bruges et de Blanzac; les pigeons de toutes espèces; les poules et les coqs-vierges de Caux, nous avons encore les poulardes et dindons chaponnés de l'Anjou, Poitou et Berri; les oies grasses, oisons et canards d'Alençon, Maine et Anjou.

EN GROS GIBIER ET VENAISON.

Le chevreuil, le daim de l'année, le sanglier de compagnie, la laie plus délicate, et le marcassin excellent, le faon, les levrauts et lapereaux.

EN PETIT GIBIER.

Les perdrix rouges et grises, la bécasse excellente pendant les brouillards et le froid, les bécassines, les gélinottes de bois, les alouettes ou mauviettes, les huppées sont meilleures.

Les pluviers dorés, excellens quand il gèle, les guinards, les rouges-gorges, l'oiseau de rivière, les canards, les rouges excellens, les judelles et les sarcelles.

EN POISSON D'EAU DOUCE.

L'anguille, la truite, la tanche, les écrevisses, les brochets, les perches, les lottes, les carpes, les plies, les barbillons et les meuniers

EN POISSON DE MER.

Les poissons que la marée nous fournit ordinairement dans cette saison sont les esturgeons, le saumon, le cabillaud, la barbue, le turbot et le turbotin, les soles, les gros et petits carrelets, les vives, les truites de mer et saumonées rouges, les merlans, les harengs frais, les huitres vertes et blanches, les sardines, le thon et les anchois.

EN LÉGUMES ET HERBAGES.

Les artichauts d'automne, choux-fleurs, cardons d'Espagne, épinards, choux de plusieurs espèces, poireau, céleri, oignons, racines, navets, chicorée blanche et chicorée sauvage, laitue, romaine et toutes sortes de petites herbes.

EN FRUITS.

Raisins de toutes espèces, poires, pommes, figues, olives et pulcholines, noix et noisettes, marrons et châtaignes, et toutes sortes de fruits secs et confits pendant l'été.

HIVER. — DÉCEMBRE, JANVIER, FÉVRIER.

Les mois de décembre, janvier et février, qui composent l'hiver, ont entièrement rapport à l'automne par les provisions et par l'abondance de tout ce qu'elle nous a fourni pour la nécessité de la vie, comme pain, vin, légumes, fruits, volaille, gibier et poissons, le tout est de même : ces deux dernières saisons, qui sont les temps de la bonne chère, ne doivent point être séparées par des changemens, parce que nous avons dans l'hiver presque de tout ce que nous avions dans l'automne.

MENUS POUR CHAQUE SAISON (1).

TABLE DE 12 COUVERTS A DINER.

PREMIER SERVICE.

Potages. — 1 Pièce de bœuf pour le milieu. — 2 Hors-d'œuvres.

Un potage aux herbes.
Un potage au riz.
Un hors-d'œuvre de raves.
Un hors-d'œuvre de beurre de Vambre.

(1) Vous augmentez ou diminuez suivant les occasions de la dépense que vous voudrez faire.

SECOND SERVICE.

Laissez la pièce de bœuf au milieu ; et mettez à la place des deux potages et des deux hors-d'œuvres 4 entrées.

Un de noix de veaux aux truffes à la bonne-femme.
Un de côtelettes de mouton au basilic.
Un de canards en hechepot.
Un d'une poularde à la bourgeoise.

TROISIÈME SERVICE.

2 Plats de rôts. — 2 Entremets. — 2 Salade.

Un d'un levraut.
Un de deux pigeons de volière.
Un entremets pour le milieu, d'un pâté d'Amiens.
Un d'une crême glacée.
Un de choux-fleurs.

QUATRIÈME SERVICE.

DESSERT.

Pour le milieu une jatte de fruits crus.

Une compote de pommes à la portugaise
Une compote de poires.
Une assiette de gaufres.
Une assiette de marrons.
Une assiette de gelée de groseilles
Une assiette de marmelade d'abricots.

TABLE DE DIX COUVERTS A SOUPER.

PREMIER SERVICE.

Un potage pour le milieu, si vous le jugez à propos.
Une pièce de viande de boucherie à la broche pour relever le potage.

2 Entrées. — 2 Hors-d'œuvres.

Une entrée d'une tourte de godiveau.
Une d'une poularde entre deux plats.
Un hors-d'œuvre d'un lapin à la purée de lentilles.
Un hors-d'œuvre de trois langues de mouton en papillote.

SECOND SERVICE.

2 Plats de rôts. — 5 Plats d'entrées.

Un de deux lapereaux.
Un de deux poulets à la reine.
Un entremets de petits gâteaux.
Un de petits pois.
Un de crême gratinée.

TROISIÈME SERVICE.

FRUITS.

Sept Assiettes de fruits.

Une jatte de gaufres pour le milieu.
Une assiette de fraises.
Une de compote de cerises.
Une de crême fouettée.
Trois assiettes de confitures différentes.

TABLE DE QUATORZE COUVERTS,

ET QUI PEUT SERVIR POUR 20 A DINER.

PREMIER SERVICE.

Pour le milieu, un surtout qui reste pour tout le service.

Au deux bouts deux potages.

Un potage de choux.
Un potage aux concombres.

Entrées pour les quatre coins du surtout.

Un d'une tourte de pigeons.
Un de deux poulets à la reine et sauce appétissante.
Un d'une poitrine de veau en fricassée de poulet.
Un d'une queue de bœuf en hochepot.

6 Hors-d'œuvres pour les deux flancs et les quatre coins de la table

Un de côtelettes de mouton sur le gril.
Un de palais de bœuf en menus-droits.
Un de boudin de lapin.
Un de choux fleurs en pain.
Un hors-d'œuvres de petits pâtés friands pour les deux flancs.

SECOND SERVICE.

2 Relevés pour les deux potages.

Un de la pièce de bœuf.
Un d'une longe de veau à la broche

TROISIÈME SERVICE.

ROTS ET ENTREMETS A LA FOIS

4 Plats de rôts aux quatre coins du surtout.

Un d'une poularde.
Un de trois perdreaux.
Un de dix-huit mauviettes.
Un d'un caneton de Rouen.

2 Salades pour les flancs. — 2 Entremets pour les deux bouts.

Un d'un gâteau de viande.
Un d'un pâté froid.

4 Petits entremets pour les quatre coins

Un de beignets à la crème.
Un de petits haricots verts.
Un de truffes au court-bouillon.
Un d'une tourte de gelées de groseilles

QUATRIÈME SERVICE.

DESSERT SERVI A TREIZE.

Pour les deux bouts du surtout.

Deux grandes jattes de fruits crus.

Pour les deux flancs.

Deux jattes de gaufres.

Pour les quatre coins du surtout

Quatre compotes de fruits différens.

Pour les quatre coins de la table.

Quatre assiettes de confitures différentes

CHAPITRE II.

ABRÉGÉ GÉNÉRAL POUR TOUTES SORTES DE POTAGES.

Prenez la viande la plus plus saine et la plus fraîche
tuée, pour qu'elle donne plus de goût à votre bouillon ; la
plus succulente est la tance, la culotte, les charbonnades,
le milieu du trumeau, le bras de l'aloyau et le gite à la
noix. Les pièces les plus propres à servir sur la table sont
a culotte et la poitrine de bœuf ; ne mettez de veau dans

vos bouillons que pour quelque cause de maladie. Quand votre viande est bien écumée, sallez votre bouillon, mettez dans la marmite toutes sortes de légumes bien épluchés, fratissés et lavés, comme céléri, oignons, carottes, panais, poireaux, choux; faites bouillir doucement votre bouillon jusqu'à ce que la viande soit cuite; passez-le ensuite dans un tamis ou dans une serviette, laissez reposez votre bouillon pour vous en servir à ce que vous jugerez à propos.

POTAGE AUX CHOUX.

Prenez la moitié d'un chou que vous faites blanchir avec un morceau de petit lard coupé en tranche tenant à la couenne; ficelez le tout, chacun en son particulier; faites-les cuire à part dans une marmite avec le bouillon qui est expliqué ci-devant; quand votre chou et petit lard sont cuits, faites mitonner le potage avec ce même bouillon et des croûtes de pain: servez les choux autour du potage avec le petit lard, ou à la bourgeoise, simplement par-dessus, ayant attention de saler très-peu le bouillon à cause du petit lard. Ceux de racines, de navets se font de même; le céléri veut être blanchi plus long-temps.

POTAGE A LA CITROUILLE.

Suivant la grandeur du potage que vous voulez faire, vous prenez plus ou moins de citrouille ou potiron; pour une pinte de lait, vous prendrez un quartier d'une moyenne citrouille; ôtez-en la peau et tout ce qui tient après les pépins; coupez la citrouille par petits morceaux et la mettez dans une marmite avec de l'eau, et faites cuire jusqu'à ce qu'elle soit réduite en marmelade et qu'il ne reste plus d'eau; mettez-y un morceau de beurre gros comme un œuf et un peu de sel; faites-lui faire encore quelque bouillon, ensuite vous ferez bouillir un pinte de lait et y mettrez du sucre ce que vous jugerez à propos; versez votre lait dans la citrouille; prenez le plat que vous devez servir, arrangez-y du pain tranché, mouillez-le avec votre bouillon de citrouille, couvrez le plat et le mettez sur un peu de cendre chaude pendant un quart d'heure, pour donner le temps au pain de tremper; faites attention qu'il ne bouille pas; en servant vous y mettez le restant de votre bouillon bien chaud.

POTAGE AU LAIT.

Prenez une pinte de lait et faites bouillir avec deux ou trois grains de sel, un morceau de sucre si vous voulez: tranchez du pain et l'arrangez dans le plat que vous devez servir; versez-y dessus une partie de votre lait pour faire tremper le pain, et le tenez chaud sur de la cendre chaude sans qu'il bouille; couvrez le plat, et lorsque vous êtes prêt à servir, vous mettez cinq jaunes d'œufs dans le restant du lait que vous délayez avec; mettez-le sur le feu en le remuant toujours, et lorsque vous sentez que votre lait s'épaissit, il faut l'ôter promptement, parce que c'est une marque que les œufs sont cuits; et si vous tardiez à l'ôter, les œufs tourneraient.

Si vous voulez faire un potage au lait plus distingué, vous prendrez trois chopines de lait que vous ferez bouillir avec une petite écorce de citron vert, une pinte de coriandre, un petit morceau de cannelle; deux ou trois grains de sel, environ trois onces de sucre; faites-le bouillir et réduire à moitié, ensuite vous le passez au tamis et le finissez comme le précédent.

POTAGE MAIGRE AUX OIGNONS.

Coupez en filets environ une douzaine de moyens oignons, mettez-les dans une casserole avec un morceau de beurre, passez-les sur le feu en les retournant de temps en temps jusqu'à ce qu'ils soient cuits et un peu colorés également; mouillez-les avec de l'eau ou du bouillon maigre, si vous en avez; mettez-y du sel et du gros poivre; faites bouillir quelque bouillon, et ensuite vous y mettrez du pain pour faire mitonner votre potage comme à l'ordinaire.

Si vous voulez faire un potage de lait aux oignons, vous en mettez un peu moins qu'il est dit ci-dessus; passez-les à petit feu avec du beurre, jusqu'à ce qu'ils soient cuits sans être colorés, faites bouillir du lait et le mettez avec l'oignon assaisonné d'un peu de sel; mettez du pain tranché dans le plat que vous devez servir, avec une partie de votre bouillon: couvrez-le et le mettez sur un peu de cendre chaude; quand votre pain sera bien trempé, vous y mettrez le restant du bouillon. Servez.

POTAGES D'ASPERGES A LA PURÉE VERTE, EN GRAS ET EN MAIGRE.

Pour faire un potage en maigre, vous faites un bouillon de racines comme le précédent; lorsqu'il est passé au tamis, prenez-en une partie pour faire cuire un litron de pois verts; prenez des asperges de moyenne grosseur ce qu'il vous en faut pour garnir le potage, coupez-les de la longueur de trois doigts, faites-les blanchir un moment à l'eau bouillante, et les retirez à l'eau fraîche; faites-les égoutter et les ficelez en plusieurs petits paquets; coupez un peu le bout de la pointe, et les mettez cuire avec les pois; lorsque

les pois sont cuits, passez-les en purée ; mitonnez le potage avec le bouillon de racine, faites une garniture sur
les bords du plat avec les asperges ; en servant, mettez-y le
coulis de pois. Le potage en gras se fait de la même façon,
en prenant un bon bouillon gras à la place du maigre.

POTAGE DE SEMOUILLE.

La semouille est une pâte d'Italie, que l'on choisit d'un
jaune clair, sèche, sans odeur de renfermé ; on la fait
cuire dans un bouillon ; on sert le potage comme celui au
riz.

POTAGE DE VERMICELLI.

Le vermicelli est une pâte d'Italie : on fait cuire avec de
bon bouillon et du jus, pour la servir comme un potage au
riz. Si on veut la mettre au blanc, on n'y met point de
jus : cuite et bien épaisse, au moyen de servir, on y met
un coulis à la reine, bien chaud. En place de ce coulis,
l'on peut y mettre une liaison de quelques jaunes d'œufs
avec de la crème ou du lait.

POTAGES AU FROMAGE EN GRAS ET MAIGRE.

Pour le faire en maigre, vous ferez un bouillon comme
celui qui est expliqué pour les potages maigres, page 13.
Ayez attention que, pour ce potage-ci, il faut plus de
choux que d'autres légumes ; quand il sera fini et passé
au tamis, mettez-y très-peu de sel, prenez le plat que vous
devez servir, qui doit aller au feu ; vous avez une demi-
livre ou trois quarterons, suivant la grandeur du potage,
de fromage de Gruyère ; râpez-en la moitié, et l'autre
vous la couperez en tranches minces ; mettez un peu de
fromage râpé dans le fond du plat avec quelques petits
morceaux de beurre, couvrez avec du pain tranché fort
mince, ensuite vous y mettrez une couche de fromage
tranché, après une couche de pain que vous couvrez de
fromage râpé ; mettez une couche de pain, et finissez
par le fromage tranché et de petits morceaux de beurre :
mouillez avec une partie de votre bouillon, faites mitonner jusqu'à ce qu'il se fasse un petit gratin dans le fond
du plat et qu'il ne reste plus de bouillon. Avant que de
servir, vous y remettrez du bouillon et un peu de gros
poivre. Ce potage doit être servi un peu épais. En gras,
vous le faites de la même façon, en vous servant d'un
bouillon gras aux choux : ne dégraissez point trop le
bouillon, et n'y mettez point de beurre.

POTAGE DE CROUTES AU COULIS DE LENTILLES.

Prenez un demi-litron de lentilles, plus ou moins, suivant la grandeur de votre potage ; il faut les éplucher et les laver ; faites-les cuire avec de bon bouillon ; quand elles sont cuites, passez-les dans une étamine et assaisonnez votre coulis de bon goût, les lentilles à la reine sont les meilleures pour toutes sortes de coulis.

Prenez un plat d'argent avec des croûtes de pain, mouillez-les avec du bouillon qui ne soit point dégraissé, faites mitonner vos croûtes jusqu'à ce qu'il se fasse un petit gratin dans le fond du plat ; égouttez ensuite la graisse qui reste dans le plat, et servez dessus le coulis de lentilles.

LES POTAGES DE CROUTES A LA PURÉE VERTE, SE FONT DE MÊME.

La seule différence, quand vos poids sont cuits, vous mettez dedans persil et queues de ciboules que vous faites blanchir ; pilez et passez avec la purée pour la rendre verte.

POTAGE AUX OIGNONS BLANCS.

Faites blanchir les oignons, ôtez-leur la première peau, faites-les cuire à part dans une petite marmite ; quand ils sont cuits, faites-en un cordon au bord du plat où vous devez servir votre potage. Pour le faire tenir, mettez sur les bords du plat un filet de pain trempé dans du blanc d'œuf ; mettez un moment le plat sur le fourneau pour que le pain s'attache ; servez-vous de ces filets pour faire tenir toutes sortes de garniture de potages.

POTAGE DE CONCOMBRES.

Après les avoir coupés proprement, mettez-les cuire dans une petite marmite, avec de bon bouillon et jus de veau pour le colorer ; quand ils seront cuits, mitonnez le potage avec leur bouillon et celui de la marmite à mitonnage ; assaisonnez le potage d'un bon sel, et servez-le garni de concombres.

POTAGE AUX RIZ.

Prenez un quarteron de riz, plus ou moins suivant la grandeur de votre potage, un quarteron pour quatre assiettes ; lavez-le à l'eau tiède trois ou quatre fois en le frottant avec les mains ; faites-le cuire à petit feu pendant trois heures avec de bon bouillon et jus de veau quand

st cuit, dégraissez-le, goûtez s'il est d'un bon sel ; servez
ni trop épais ni trop liquide.

POTAGE AUX HERBES.

Mettez dans une petite marmite toutes sortes d'herbes
épluchées et bien lavées, avec un panais et une carotte
coupés en petits filets.

Les herbes sont oseille, laitue, cerfeuil, pourpier, un
peu de céleri coupé en filets ; faites cuire avec de bon
bouillon, un peu de jus de veau : quand elles sont cuites
et d'un bon sel ; faites mitonner le potage et servez au naturel vos herbes dans la soupe, sans faire de garniture.

Vous pouvez si vous voulez, masquer vos potages de telle
viande que vous voudrez : comme chapon, poularde, gros
pigeons, perdrix, canards, jarrets de veau ; la façon de
les faire cuire est égale ; il faut à tous leur retrousser les
pattes dans le corps, les faire blanchir un instant, et ne
les mettre cuire dans la marmite à votre potage que le temps
qu'il faut pour la cuisson, parce qu'une volaille qui est
trop cuite n'est point estimée. Pour le faire manger à son
point de cuisson, il faut le tâter ; quand elle fléchit un peu
sous les doigts, elle est bonne à servir. Vous pouvez servir
vos volailles au milieu des potages, ou dans un plat pour
hors-d'œuvre, avec un peu de bouillon et gros sel par-
dessus, suivant la volonté du maître. Ceux qui se serviront
de jus dans leurs potages doivent préférer celui de veau à
celui de bœuf, le veau étant rafraîchissant et plus léger
quand il est fait avec soin ; peu d'oignons, et cuits à
très-petit feu ; il n'est point contraire à la santé.

POTAGE PRINTANIER EN MAIGRE.

Mettez dans une marmite un litron de pois-nouveaux,
cerfeuil, pourpier, laitue, oseille, trois ou quatre oignons,
une pincée de persil, un morceau de beurre ; faites bouillir
le tout ensemble, et le passez après en purée claire ; mitonnez le potage avec les trois quarts de ce bouillon, et dans
celui qui vous reste vous délayez six jaunes d'œufs que
vous faites lier sur le feu, et les mettez dans votre potage
quand vous êtes prêt à servir, après avoir goûté s'il est
d'un bon sel.

POTAGE AU RIZ ET COULIS DE LENTILLES EN MAIGRE.

Faites d'abord un bouillon maigre avec toutes sortes de
racines, choux, navets, oignons, céleri, poireau, le tout
à proportion de la force et un demi-litron de pois ; vous
mettez à part dans une petite marmite, un demi-litron
de lentilles à la reine que vous faites cuire avec ce bouillon

quand elles sont cuites, passéz-les en purée ; vous prenez ensuite un quarteron de riz ; après l'avoir bien lavé,
faites-les cuire dans une petite marmite avec un morceau
de beurre et de votre bouillon maigre tiré au clair ; quand
il est cuit et assaisonné comme il faut, mettez-y le coulis
de lentilles : vous aurez soin que votre potage ne soit pas
trop épais

DE LA DISSECTION DES VIANDES.

L'adresse de couper proprement les viandes est aujour-
d'hui d'un si grand usage, que ceux qui veulent servir les
convives ne doivent point l'ignorer ; pour la société de la
table, puisque l'on ne saurait servir les bons morceaux,
si on ne les connais pas, et que bien des gens trouvent la
viande dure faute de la savoir couper dans son fil : la bonne
façon est de servir peu à la fois ; par ce moyen, les convives mangent avec plus d'appétit.

Je commencerai par la dissection du bœuf bouilli et rôti :
la façon de les couper est toujours la même, ainsi que des
autres viandes de boucherie.

La culotte se coupe en travers et dans le milieu ; la
viande qui est auprès des os de la queue est la plus fine.

La charbonnée se coupe en morceaux minces et en
travers.

La poitrine se coupe près du tendon et en travers.

Le paleron se coupe comme la charbonnée.

L'aloyau : après avoir ôté une peau dure et nerveuse
qui se trouve au-dessus du filet, que vous ne servez qu'à
ceux qui vous en demandent, vous coupez le filet mince
et en travers pour le servir ; la viande qui est de l'autre
côté de l'os et au-dessus du filet, se coupe de même, et
peut passer, dans un besoin, pour du filet, quand elle est
bien coupée.

La tranche et le gîte se coupent en travers.

Toutes les langues, ainsi que celle du bœuf, se coupent
en travers et par tranches : du côté du gros bout se trouvent les morceaux les plus délicats.

Le tremeau, qui est une chair pleine de cartilages et
courte, doit être bien cuit et se sert à la cuiller.

DE LA DISSECTION DU MOUTON.

Du rôt-de-bif et gigot de mouton : ils se servent tous les
deux de même ; vous les coupez en travers jusqu'à ce qu'il
n'y ait plus de filet ; le morceau le plus délicat, que vous
coupez en travers et en tranches, se trouve du côté du nerf
que l'on appelle la sous-noix extérieure ; le côté de la queue,
sur la croupe, se coupe par aiguillettes, et se sert pour un

morceau délicat : la souris est encore un morceau tendre que l'on peut servir.

Le carré se sert par côtelettes.

L'épaule se coupe par tranches dessus et dessous.

La poitrine : après avoir enlevé la peau qui est sur les tendons, vous la coupez par côté, en prenant les endroits où le couteau ne résiste pas, en tirant du côté les tendons.

Le chevreau et l'agneau se disséquent de la même façon

DE LA DISSECTION DU VEAU.

La longe : vous coupez le filet par petites tranches, en travers, pour servir : ensuite vous coupez le rognon par petits morceaux pour le présenter à ceux qui l'aiment ; dessous le rognon, dans l'intérieur de la longe, se trouve un petit filet très-délicat.

Le quasi se coupe par petits morceaux avec ses petits os ; il se coupe facilement en appuyant le couteau dessus, parce que les jointures en sont marquées.

Du cuisseau : dans le cuisseau, quand il est rôti, il n'y a que les noix de tendres : celle de dessous est la plus estimée.

La poitrine : après avoir découvert les tendons d'une peau charnue qui les couvre, vous coupez la poitrine en travers pour séparez les côtes d'avec les tendons : c'est ce que vous ferez aisément en prenant l'endroit du côté du tendon où le couteau ne résiste pas, et ensuite coupez par petits morceaux.

Le carré se coupe par côtelettes, en prenant bien le joint, ou en filets, comme la longe.

L'épaule : en dessous de l'épaule, sur la gauche, se trouve une petite noix enveloppée de graisse que vous servez d'abord pour le morceau le plus délicat : le reste de l'épaule, dessus et dessous, se coupe par tranches.

La tête de veau : les morceaux les plus estimés sont les yeux, ensuite les oreilles ; la cervelle se sert à ceux qui l'aiment ; ensuite vous coupez la langue par morceaux : vous avez encore les bajoues, les os, après lesquels vous trouvez de la viande.

Le chevreuil et le daim se servent et se coupent comm le veau.

DE LA DISSECTION DU COCHON.

La hure, qui se sert pour un entremets froid, commenc à se servir en coupant du côté des oreilles jusqu'aux bajoues ; le chignon se sert après par petites tranches minces

Le carré, le filet, l'échinée, se coupent par petites tranches minces et en travers.

Le jambon se coupe par petites tranches en travers : toujours du gras et du maigre.

Le sanglier se coupe et se sert comme le cochon.

DE LA DISSECTION DU MARCASSIN et du COCHON DE LAIT.

La dissection se fait de même : après qu'il est servi sur table, vous commencez par couper la tête, les deux oreilles, et séparer la tête en deux ; ensuite vous coupez l'épaule gauche, la cuisse gauche, l'épaule droite et la cuisse droite; vous levez après la peau pour la servir toute croquante: les jambes, les côtés, les morceaux près du cou sont des endroits très-délicats; l'épine du dos se coupe en deux : le côté des côtes qui y reste attaché se sert par petits morceaux.

DE LA DISSECTION DE LA VOLAILLE ET DU GIBIER.

Les principales parties de la volaille sont le cou, les deux ailes, les deux cuisses, l'estomac, le croupion, la carcasse ; les morceaux les plus honnêtes à présenter sont les ailes, et ensuite les blancs, pour la volaille rôtie : de celle qui est bouillie, les cuisses sont les morceaux les plus honnêtes à présenter.

La dissection se fait en prenant l'aile de la main gauche ou avec une fourchette : vous prenez de la main droite le couteau pour couper la jointure de l'aile, et achevez de la main gauche en tirant l'aile, qui cède aisément si vous tenez ferme la pièce de volaille avec votre fourchette; ensuite vous levez du même côté la cuisse, en donnant un coup de couteau dans les nerfs de la jointure, et vous la tirez de la même façon avec la main gauche : la même opération se pratique pour l'autre côté ; vous coupez ensuite l'estomac, la carcasse et le croupion en deux : c'est ainsi que vous disséquez poulets, poularde, faisans, perdrix et bécasses. Les morceaux les plus délicats du faisan sont les blancs de l'estomac et les cuisses; de la bécasse, la cuisse est la plus estimée.

Le pigeon, quand il est gros, se peut couper comme la viande blanche; quand il est moyen, il se coupe en deux par le dos, en faisant tenir le croupion avec les deux cuisses ou deux morceaux en travers.

L'oiseau de rivière et le canard se coupent sur l'estomac par aiguillettes, que vous offrez pour le plus délicat; ensuite vous levez les ailes, les cuisses et la carcasse.

Des lapereaux, le plus estimé est le filet: vous commencez à le fendre depuis le cou, en commençant le long de l'épine du dos ; après qu'il est levé, vous le coupez par morceaux en travers pour le servir ; les petits filets de dedans sont excellens : le reste se coupe à volonté.

Les levrauts se coupent et se servent de la même façon que les lapereaux.

CHAPITRE III.

DU BOEUF.

Les parties du bœuf le plus en usage sont la cervelle, la langue, le palais, les rognons, la graisse, la queue : dans la cuisse, nous avons la culotte, la pièce ronde, le gîte à la noix, le cimier, la moelle, après la cuisse, sont l'aloyau, les charbonnées, les flanchets et les entre-côtes, la poitrine, les tendons de poitrine, les palerons et le gros bout.

DE LA LANGUE DE BOEUF.

Entrée. Elle se met cuire à la braise, qui se fait avec sel, laurier, basilic, clou de girofle, oignon, racine, du poivre, un bouquet garni de persil, ciboule, thym, bouillon que ce qu'il faut pour mouiller la viande : faites cuire à très-petit feu ; quand elle est cuite, ôtez la peau, et la piquez de petit lard ; faites-la cuire après à la broche, servez dessous une sauce comme celle du mouton, en y ajoutant un filet de vinaigre. (*Vous trouverez la sauce au Chapitre des Sauces*).

Vous la mettez encore en mireton ; quand elle est cuite à la braise comme ci-devant, ôtez la peau ; coupez-la en tranches, arrangez-la sur le plat que vous devez servir faites-la bouillir doucement dans une sauce comme celle que je viens de dire, et la servez à courte sauce.

LANGUE DE BOEUF EN BREZOLLES ET AUTRES FAÇONS

Entrée. Faites-la cuire à un peu plus de moitié dans l'eau, ôtez ensuite la peau, et la coupez en filets minces que vous arrangez dans une casserole avec persil, ciboule, champignons, le tout haché très-fin, sel, gros poivre, huile fine faites-la cuire à petit feu ; quand elle est cuite, dégraissez la et mettez un peu de coulis, et en servant, si elle n'est point assez piquante, vous y mettrez un jus de citron. La langue se met encore avec un ragoût de concombre et div er au tres légumes, et plusieurs sauces différentes, com m ra vigote, petite sauce : on les sert pour entremets froi d qua nd elles sont fourrées, salées, fumées et séchée

LANGUE DE BOEUF EN PAUPIETTE

Entrée et hors-d'œuvre. Ôtez le cornet à une langue de

bœuf, et le faites blanchir un demi-quart d'heure à l'eau
bouillante ; mettez-la ensuite cuire dans la marmite à la
pièce de bœuf, jusqu'à ce que la peau se puisse enlever ;
elle ne gâtera pas votre bouillon ; ôtez-en la peau et la mettez refroidir : ensuite vous la coupez en tranches minces
dans toute sa largeur et longueur ; couvrez chaque morceau avec de la farce de godiveau, ou autre farce de viande de l'épaisseur d'un petit écu ; passez un couteau
trempé dans l'œuf sur la farce : roulez les ensuite, et
embrochez dans un hatelet, après avoir mis à chacune
une petite barde de lard ; faites-les cuire à la broche ;
quand elles seront presque cuites, jetez de la mie de
pain sur les bardes ; faites prendre une couleur dorée à
feu clair, et vous le servirez avec une sauce piquante
dessous, que vous trouverez la première à l'article des
SAUCES

LANGUE DE BOEUF EN GRATIN.

Entrée et hors-d'œuvre Prenez une langue de bœuf, et
la faites cuire dans la marmite après l'avoir fait blanchir :
quand elle sera cuite, ôtez-en la peau et la mettez refroidir ; coupez-la en tranches, hachez du persil, ciboule,
cinq ou six feuilles d'estragon, trois échalottes, câpres
et un anchois ; prenez une demi-poignée de mie de pain,
que vous mêlez avec gros comme la moitié d'un œuf, de
beurre et une partie de ce que vous avez haché pour mettre le tout ensemble dans le fond du plat ; arrangez la
moitié de la langue dessus ; assaisonnez de sel, gros poivre, et le restant de vos petites herbes dessus ; arrangez
une seconde couche du restant de la langue, sel gros
poivre par-dessus ; mouillez avec trois ou quatre cuillerées
de bouillon et un demi-verre de vin ; faites bouillir jusqu'à ce qu'il se fasse un gratin dans le fond du plat : en
servant, vous mettez un peu de bouillon, seulement
pour que cela marque une petite sauce.

LANGUE DE BOEUF À LA PERSILLADE.

Entrée et hors-d'œuvre. Faites-la blanchir un quart
d'heure à l'eau bouillante ; ensuite vous la lardez avec du
gros lard, et la mettez cuire à la marmite à la pièce
de bœuf ; quand elle est cuite, vous ôtez la peau, et la
fendez un peu plus de moitié dans sa longueur, pour l'ouvrir en deux sans la séparer : servez-la avec du bouillon,
sel, poivre, un filet de vinaigre si vous voulez, et persil
haché.

CERVELLE DE BOEUF DE PLUSIEURS FAÇONS.

Entrée et hors-d'œuvre. Elle se fait cuire à la braise

faite avec vin blanc, sel, poivre, un bouquet garni ; quand elle est cuite, vous retirez de la braise, et la servez avec une petite sauce appétissante, que vous trouverez au Chapitre des Sauces, ou avec un ragoût de petits oignons et de racines.

En hors-d'œuvre. Elle se sert encore frite : pour lors, il faut la mariner avec sel, poivre, vinaigre, un morceau de beurre manié de farine, ail, persil, ciboule, thim, laurier, basilic, faites-la frire après l'avoir égouttée et farinée, servez-la garni de persil frit.

PALAIS DE BOEUF ET MENUS DROITS ET AUTRES FAÇONS.

Hors-d'œuvre. Il faut d'abord le bien nettoyer et le faire cuire dans l'eau : vous l'épluchez ensuite de ses peaux, et le coupez par filets : passez de l'oignon sur le feu avec un morceau de beurre : quand il est à moitié cuit, mettez les palais, et mouillez votre ragoût avec de bon bouillon, un peu de coulis, un bouquet garni, assaisonné de bon goût, quand il est bien dégraissé, et la sauce assez réduite, mettez-y un peu de moutarde en servant.

Vous pouvez encore les servir entier sur le gril, en les faisant mariner avec huile fine, sel, gros poivre, persil ciboule, champignons, une pointe d'ail, le tout haché, trempez-les bien dans la marinade, et les panez avec la mie de pain, faites-les griller, et servez dessous une sauce claire et piquante, ou sans sauce.

PALAIS DE BOEUF MARINÉ.

Hors-d'œuvre. Prenez des palais de bœuf cuits à l'eau, après les avoir épluchés, vous les coupez de la longueur et largeur du doigt ; faites-les mariner avec sel, poivre, une gousse d'ail, du vinaigre, un peu de bouillon, un petit morceau de beurre manié de farine, une feuille de laurier, trois clous de girofle ; faites tiédir la marinade, et mettez-la dans les palais de bœuf pendant deux ou trois heures ; retirez-les ensuite pour les faire égoutter, essuyez-les et les farinez, faites-les frire, et servez avec du persil frit.

LANGUE DE BOEUF A LA POULETTE.

Entrée. Lorsqu'elle est cuite dans le pot et refroidie, on la coupe en tranches et on la passe sur le feu avec du beurre, des fines herbes hachées ; on y met une pincée de farine et de bouillon, sel, gros poivre. Après avoir fait quelques bouillons, réduit à une courte sauce, prêt à servir, on y met une liaison de deux ou trois jaunes d'œufs et de la crème, un filet de vinaigre et de verjus.

ALLUMETTES DE PALAIS DE BOEUF.

Hors-d'œuvre. Prenez deux palais de bœuf cuits à l'eau, près les avoir épluchés, coupez-les comme des allumettes, et les faites mariner avec un citron, un peu de sel, persil en branche, ciboule entière. Quand ils ont pris goût, mettez-les égoutter et les trempez dans une pâte faite de cette façon : mettez dans une casserole deux bonnes poignées de farine, une cuillerée d'huile fine, un peu de sel fin, et délayez petit à petit avec de la bière jusqu'à ce que votre pâte ait consistance d'une crème double ; trempez dedans vos palais de bœuf, et les faites frire de belle couleur. Servez le plus chaud que vous pourrez.

CROQUETTES DE PALAIS DE BOEUF.

Hors-d'œuvre ou entremets. Prenez trois palais de bœuf cuits à l'eau ; épluchez-les et les coupez en deux tout en travers dans toute leur longueur ; faites-leur prendre du goût pendant une demi-heure, en les faisant mijoter sur un petit feu avec du bouillon, une gousse d'ail, deux clous de girofle, thym, laurier, basilic, sel, poivre ; ensuite mettez-les égoutter et refroidir ; mettez dessus chaque morceau de la farce de viande assaisonnée de bon goût, de l'épaisseur d'un petit écu ; roulez les palais de bœuf pour les tremper ensuite dans une pâte faite avec de la farine délayée avec une cuillerée d'huile et un demi-setier de vin blanc, du sel fin. Il faut que la pâte file en versant de la cuiller, sans être trop claire ; faites-les frire. Servez garni de persil frit.

GRAS-DOUBLE A LA BOURGEOISE.

Hors-d'œuvre. Prenez du gras-double cuit à l'eau ; après l'avoir bien nettoyé, coupez-le de la grandeur de quatre doigts, et faites mariner avec sel, poivre, persil, ciboule, une pointe d'ail, le tout haché, un peu de graisse du derrière du pot, ou du beurre frais fondu ; faites tenir tout l'assaisonnement au gras-double pané de mie de pain, et le faites griller. Servez avec une sauce au vinaigre.

GRAS-DOUBLE A LA SAUCE ROBERT.

Hors-d'œuvre. Coupez de l'oignon en dés, que vous passez sur le feu avec un peu de beurre ; quand il est à moitié cuit, mettez-y du gras-double cuit à l'eau et coupé en carré, assaisonné de sel, poivre, un peu de vinaigre, un peu de bouillon, laissez bouillir une demi-heure. En servant mettez-y un peu de moutarde.

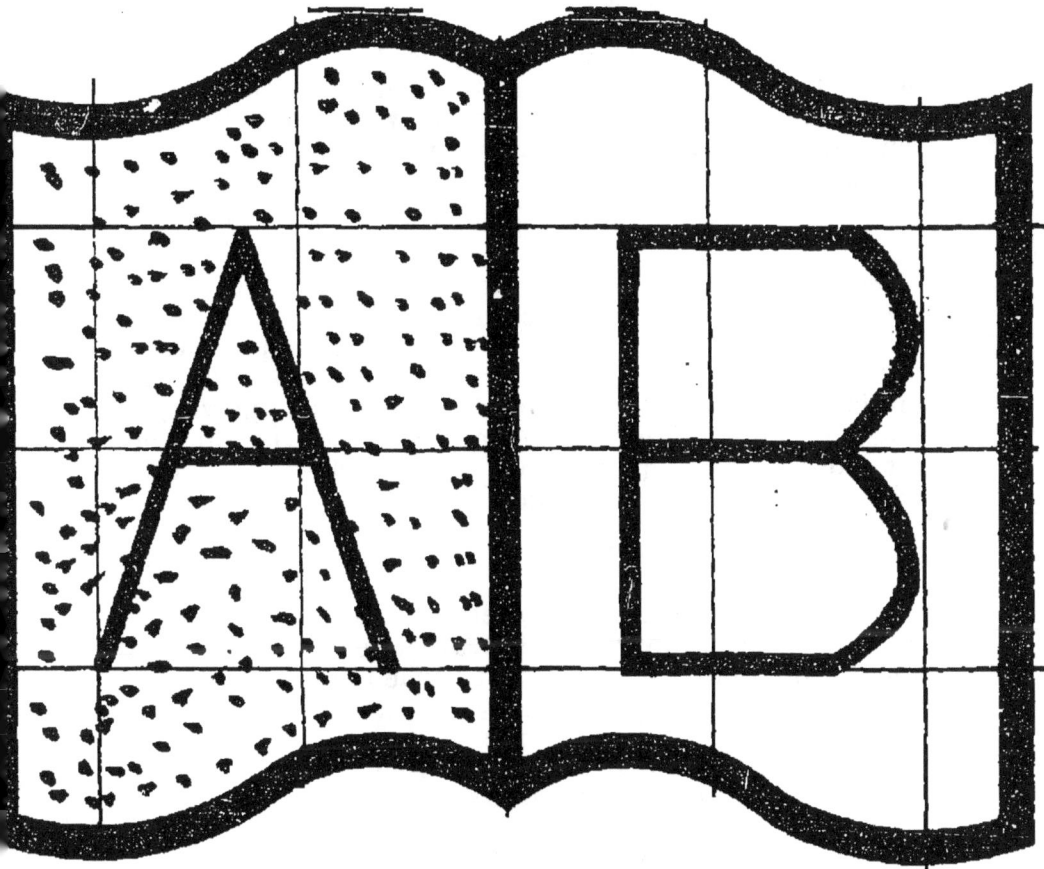

TERRINE A LA PAYSANNE.

Entrée. Prenez de la tranche de bœuf, que vous coupez en petites tranches, avec du petit lard maigre, persil ciboules hachées, fines épices; une feuille de laurier; prenez une terrine: faites un lit de bœuf, un lit de petit lard, un peu d'assaisonnement, et à la fin une cuillerée d'eau-de-vie et deux cuillerées d'eau; faites cuire sur de la cendre chaude comme du bœuf à la mode. Après avoir bien bouché la terrine, quand il est cuit, dégraissez si vous le jugez à propos; et servez dans la terrine.

La terrine à la couenne se fait de la même façon, à cette différence qu'à la place du petit lard vous prenez de la couenne de lard le plus nouveau, qui ne sente rien, que vous nettoyez, dégraissez, et vous en servez de même.

TÉTINE DE VACHE AU VERJUS.

Hors-d'œuvre. On prend de la tétine cuite chez la tripière; on la coupe par morceaux que l'on met dans une casserole; avec beurre, persil, ciboul, champignons, le tout haché; on la passe sur le feu; ensuite on y met une pincée de farine, de bouillon, vin blanc; sel, poivre; on laisse bouillir et réduire la sauce. Prête à servir, on y met une liaison de quelques jaunes d'œufs délayés avec de la crème et une petite cuillerée des verjus.

ROGNON DE BŒUF A LA BOURGEOISE.

Hors-d'œuvre. Coupez-le par filets minces; faites le passer sur le feu avec un morceau de beurre, sel, poivre, persil, ciboul, une pointe d'ail, le tout haché; quand il est cuit, vous y mettez un filet de vinaigre, un peu de coulis, et ne laissez plus bouillir, crainte qu'il ne se racornisse.

Vous servez encore le rognon de bœuf cuit à la braise, avec une sauce piquante ou une sauce à l'échalotte.

USAGE DE LA GRAISSE DE BŒUF.

La graisse sert à faire toutes sortes de farces, et à nourrir des braises et cuire des cardons d'Espagne.

QUEUE DE BŒUF EN HOCHEPOT, ET AUTRES FAÇONS.

Entrée. Pour faire un hochepot de queue de bœuf, vous la coupez par morceau; faites-la blanchir et cuire avec du bon bouillon, un bouquet garni, peu de sel : il faut cinq heures de cuisson. A la moitié de la cuisson, vous y mettez oignons, carottes, panais, navels, un peu de chou, la tout blanchi et coupé proprement. Quand le tout est cuit, retirez sur un linge, et l'essuyez pour qu'il ne reste point de graisse : arrangez ensuite les légumes avec de la viande dans une terrine propre à servir sur la table ; dégraissez la sauce où a cuit la viande ; mettez-y un peu de coulis, et faites réduire sur le feu si la sauce est trop longue ; prenez garde qu'il n'y ait point trop de sel : passez-la au tamis, et servez dessus la viande et légumes. Vous pouvez encore servir la queue de la même façon, en ne mettant qu'une sorte de légumes à la fois.

Vous pouvez aussi la servir sans légumes, et mettre à la place différentes sauces ; mais il faut toujours que la queue soit cuite à la braise, que vous faites comme celle de la langue de bœuf, page 22.

QUEUE DE BŒUF EN MATELOTTE.

Entrée. Prenez une queue de bœuf que vous coupez en morceaux, et la faites blanchir dans l'eau bouillante ; retirez-la dans l'eau fraîche pour la mettre cuire à moitié dans un bouillon, sans aucun assaisonnement. Lorsqu'elle sera à moitié cuite, vous ferez un roux avec un peu de beurre et une cuillerée de farine ; mouillez ce roux avec le bouillon où vous avez fait cuire la queue de bœuf ; mettez-y les morceaux de queue avec un douzaine de gros oignons entiers que vous aurez fait blanchir auparavant pour leur ôter la première peau ; mettez-y un demi-setier de vin blanc, un bouquet de persil, ciboule, une gousse d'ail, une feuille de laurier, un peu de thym, du basilic, deux clous de girofle, sel, poivre ; faites cuire à petit feu jusqu'à ce que la queue et les oignons soient cuits ; ayez soin de bien dégraisser ; mettez dans la sauce un enchoi haché, deux pincées de câpres entières ; dressez les morceaux de queue de bœuf dans le milieu du plat, les oignons autour et au-dessus ; mettez-y sept ou huit morceaux de pain coupés de la grosseur d'un petit écu, que vous passerez au beurre. Étant prêt à servir, arrosez-le avec la sauce, qui doit être courte.

QUEUE DE BŒUF A LA SAINTE-MENEHOULD.

Hors-d'œuvre. Coupez une queue de bœuf en trois morceaux : vous la coupez d'abord par le milieu, et le gros bout vous le fendez en deux avec le couperet ; faites-la cuire dans la marmite à la pièce de bœuf ; quand elle est cuite, vous la mettez refroidir ; ensuite vous la faites mariner pendant une heure avec un peu d'huile, sel, gros poivre, persil, ciboule, deux échalottes, une pointe d'ail, le tout haché très-fin. Faites tenir la marinade après la queue, en la panant de mie de pain ; faites griller de belle couleur, en l'arrosant du restant de sa marinade

CULOTTE DE BOEUF DE PLUSIEURS FAÇONS.

Grosse entrée. La culotte est la pièce la plus estimée du
bœuf; elle sert à faire d'excellens potages, et fait honneur
sur une table pour une pièce de milieu; et se sert au naturel, sortant de la marmite, ou quand elle est bien essuyée de sa graisse et bouillon, vous y pouvez mettre dessus
une bonne sauce faite avec du coulis, persil, ciboule, anchois, câpres, une pointe d'ail; le tout haché et assaisonné
de bon goût : d'autres la servent encore garnie de petits
pâtés : voilà les façons les plus communes; les plus recher-
chées et les pratiquées sont celles qui suivent.

PIÈCE DE BOEUF AU FOUR.

Grosse entrée. Lorsqu'elle est cuite dans la marmite,
comme au naturel, on la retire pour l'égoutter, et dresser
sur le plat où elle doit être servie; on met sur tout le dessus une sauce aussi épaisse qu'une bouillie, faite avec beaucoup de bon beurre, de la farine, du jus, sel, gros poivre,
un filet de vinaigre, quelques jaunes d'œufs bien liés sur le
feu; en pane tout le dessus avec de la mie de pain qui l'on
arrose encore de beurre; on la met au four jusqu'à ce
qu'il se forme une croûte bien dorée; en servant le plat
bien essuyé, égoutté de sa graisse, on y met une bonne
sauce.

CULOTTE
A LA BRAISE AUX OIGNONS DE HOLLANDE.

Grosse entrée. Vous prenez une belle culotte que vous
désossez; ficelez-la et faites la cuire dans une bonne braise
faite avec une pinte de vin blanc, de bon bouillon, tranche de veau, barde de lard, un gros bouquet garni, sel,
poivre; quand elle est cuite à moitié, vous y mettez environ trente oignons de Hollande, ou à défaut, vous prenez
de gros oignons rouges. Quand la pièce de bœuf est cuite,
retirez-la pour la bien essuyer de sa graisse; dressez-la dans
le plat que vous devez servir, et les oignons autour, et servez dessus une bonne sauce de belle couleur. En la faisant
cuire de cette façon à la braise, vous la pouvez diversifier
de différens ragoûts ou de différentes sauces, suivant le
goût du maître.

CULOTTE DE BOEUF AU FOUR.

Grosse entrée. Prenez une culotte de bœuf de la grosseur que vous jugerez à propos, désossez-la, si vous voulez
et la lardez avec de gros lard; assaisonnez de sel, fines
épices, mettez-la dans un vaisseau juste à sa grandeur,
avec une chopine de vin blanc; couvrez avec un couvercle

et bouchez les bords avec de la pâte ; faites cuire au four pendant cinq ou six heures , suivant sa grosseur, et la servez avec sa sauce bien dégraissée : vous faites cuire de cette façon un aloyau.

— Elle se met encore en ballon ; en fumée, en pâté chaud et froid, à la broche ; piquée de gros lard et fines herbes.

USAGE DE LA TRANCHE DE BOEUF.

Elle sert à tirer du jus , à faire d'excellens potages , du bœuf à la royale, que vous lardez de gros lard manié avec persil, ciboules, champignons, une pointe d'ail haché , sel , poivre ; faites-les cuire à petit feu dans son jus ; vous pouvez y ajouter plein une cuiller à bouche d'eau-de-vie quand il est cuit ; servez-le froid : on s'en sert aussi à garnir des braises.

BOEUF A LA ROYALE OU A LA MODE.

Entrée ou entremets froids. Lardez la tranche de bœuf avec de gros lard manié de persil, ciboule , champignon une pointe d'ail, le tout haché, sel, poivre. Faites cui. cinq ou six heures à petit feu dans son jus; à la moitié de la cuisson, vous y mettrez une cuillerée à bouche d'eau-de-vie: quand il est cuit, et courte sauce, vous le servirez chaud et froid. Pour le mieux , faites-le cuire dans un vaisseau de terre bien couvert et juste à sa grandeur.

USAGE DE LA PIÈCE RONDE.

Elle peut servir au même usage que la tranche.

USAGE DU GITE A LA NOIX.

Il sert au même usage que la tranche de bœuf. (Voyez ci-devant *Tranche de bœuf.*)

USAGE DE LA MOELLE DE BOEUF.

Elle sert à faire des farces, des petits pâtés , des tourtes et crêmes à la moelle, à nourrir des cardons et autres légumes

ALOYAU DE PLUSIEURS FAÇONS.

Grosse entrée. On le met communément, quand il est tendre; cuire à la broche; on le sert dans son jus; ou, si vous voulez, pour le mieux ; vous levez le filet, que vous coupez par tranches minces, mettez-le dans une casserolle avec une sauce faite avec câpres, anchois, champignons,

une pointe d'ail, le tout haché et passé avec un peu de
beurre et mouillé avec de bon coulis : quand vous avez
dégraissé la sauce, assaisonnez de bon goût ; mettez le
filet dedans avec le jus de l'aloyau ; faites chauffer sans
qu'il bouille, et servez sur l'aloyau.

Vous pouvez encore servir ce même filet avec plusieurs
légumes, comme concombres, céléri, chicorée, cardes ;
il se sert aussi en fricandeau, à la braise, comme la
Culotte à la braise, qui est expliqué ci-devant : même sauce,
même ragoût.

USAGE DU TRUMEAU ET DES CHARBONNÉES.

Les charbonnées, quand elles sont tendres, se peuvent
mettre sur le gril avec persil, ciboule, champignons, le
tout haché, sel, poivre, huile fine, panées avec de la
mie de pain. Pour le mieux, faites-les cuire à la braise,
que vous faites comme pour la langue de bœuf, et servez
dessus différens ragoûts de légumes, comme vous le jugerez à propos ; elles servent aussi à faire du bouillon. Le
trumeau n'est bon qu'à faire du bouillon pour les personnes en santé.

CHARBONNÉE DE BOEUF EN PAPILLOTE.

Entrée. Prenez une charbonnée ou côte de bœuf coupée
proprement et la mettez cuire à petit feu avec du bouillon
ou une chopine d'eau, un peu de sel et du poivre ; quand
elle sera cuite, faites réduire la sauce afin qu'elle s'attache
toute après la côte ; ensuite vous la mettez mariner avec
de l'huile ou du beurre, persil, ciboule, échalottes, champignons, le tout haché très-fin, un peu de basilic en poudre ; mettez la côte dans une feuille de papier blanc avec
toute la marinade ; pliez le papier comme une papillote,
graissez-la en dehors et la mettez sur le gril avec une
feuille de papier dessous, aussi graissée ; faites griller à
petit feu les deux côtés. Servez avec le papier.

USAGE DE LA POITRINE DE BOEUF.

La poitrine et le tendon de poitrine sont les pièces les
plus estimées, après la culotte, pour servir sur une table ;
elles se peuvent accommoder de la même façon que la
culotte. Voyez ci-devant *Culotte de bœuf.*

BOEUF EN MIROTON.

Hors-d'œuvre. Prenez du bœuf de poitrine cuit dans la
marmite ; si vous en avez de la veille, il sera aussi bon ;
coupez-le par tranches fort minces ; prenez le plat que
vous devez servir ; mettez dans le fond deux cuillerées de

coulis, persil, ciboule, câpres, anchois, une petite pointe
d'ail ; le tout haché très-fin, sel ; gros poivre ; arrangez
dessus vos morceaux de tranches de bœuf et les assaisonnez par-dessus comme vous avez fait par-dessous : couvrez votre plat et le mettez bouillir doucement sur un
fourneau pendant une demi-heure, et servez à courte
sauce.

BŒUF AU FOUR.

Entrée ou entremets froid. Prenez ce que vous jugerez à
propos de tranche de bœuf, que vous hachiez avec la moitié moins de graisse de bœuf ; ensuite mettez la viande
dans une casserole avec du lard maigre ; coupez en petits
dés, persil, ciboule, champignons, deux échalotes, le
tout haché très-fin, sel ; gros poivre, un poisson d'eau-
de-vie, quatre jaunes d'œufs : mêlez bien le tout ensemble ;
foncez une casserole ou une terrine de la grandeur de votre viande avec des bardes de lard ; mettez-y la viande
dessus bien serrée ; couvrez avec un couvercle, et bouchez
les bords avec de la farine délayée avec un peu de vinaigre ; mettez cuire au four pendant trois ou quatre heures :
si vous le servez chaud pour entrée, vous ôterez les bardes
de lard et dégraisser la sauce ; pour entremets, laissez-le
refroidir dans sa cuisson.

HACHIS DE BŒUF.

Hors-d'œuvre. Hachez très-fin trois ou quatre oignons,
et les mettez dans une casserole avec un peu de beurre ; passez-les sur le feu jusqu'à ce qu'ils soient presque cuits,
mettez-y une bonne pincée de farine que vous remuez
jusqu'à ce qu'elle soit d'une couleur dorée ; mouillez avec
du bouillon, un demi-verre de vin, sel, gros poivre ; laissez bouillir jusqu'à ce que l'oignon soit cuit, et qu'il n'y
ait plus de sauce, mettez-y du bœuf haché ; faites le
bouillir pour qu'il prenne goût avec l'oignon. En servant,
mettez-y une cuillerée de moutarde ou un filet de vinaigre.

CHAPITRE IV.

DU MOUTON.

Les parties du mouton qui sont le plus en usage dans la
cuisine, sont :

Le gigot, le carré, l'épaule, le collet ou bout seigneux

les rôts-de-bif, la poitrine, le filet, la langue, les rognons, es rognons extérieurs, appelés animelles, les pieds, la queue.

ROT DE BIF DE MOUTON DE PLUSIEURS FAÇONS.

Grosse entrée. Il se met entier à la broche, piqué de petit lard, servi dans son jus pour pièce de milieu. Il se met aussi à la Sainte-Menehould. Pour lors vous le faite cuire à la braise, que vous faites comme celle de la langue de bœuf : quand il est cuit, vous le panez et le faites prendre couleur au four. Servez dessus une bonne sauce : vous pouvez aussi, quand il est bien piqué, le faire cuire comme un fricandeau et le glacer de même.

On le sert encore cuit à la braise et déguisé avec différens ragoûts de légumes ou différentes sauces.

GIGOT DE MOUTON A LA PÉRIGORD.

Entrée. Le gigot de mouton, qui fait une partie du rôt-de-bif, se prépare aussi de la même façon, et se diversifie davantage, *comme à la Périgord.* Pour lors vous prenez des truffes que vous coupez en petit lardons : vous coupez aussi du lard de la même façon, que vous remuez ensemble avec sel et fines épices, persil, ciboule, une pointe d'ail, le tout haché. Lardez partout votre gigot de vos truffes et lard ; enveloppez-le pendant deux jours dans du papier, de façon qu'il ne prenne point l'air ; faites-le cuire à petit feu dans une casserole, dans son jus, enveloppé de tranches de veau et de lard. Quand il est cuit dégraissez la sauce où il a cuit ; ajoutez-y une cuillerée de coulis, servez.

GIGOT DE MOUTON AUX LÉGUMES GLACÉES.

Entrée. Prenez un gigot mortifié que vous parez de sa graisse et du bout du manche ; ficelez-le et le mettez dans une marmite avec du bouillon, prenez la moitié d'un chou, une douzaine de racines que vous tournez en rond, six gros oignons, trois pieds de céléri, six navets ; faites blanchir le tout ensemble un demi quart-d'heure ; retirez-le ensuite dans l'eau fraîche ; pressez le tout pour qu'il ne reste point d'eau ; ficelez le chou et le céléri ; mettez tous ces légumes cuire avec le gigot ; assaisonnez le gigot et y mettez très-peu de sel. Quand le tout est cuit, retirez le gigot et les légumes sur le plat ; essuyez la graisse qui reste après avec du linge blanc ; dressez le gigot sur le plat que vous devez servir ; les légumes autour. Vous prenez ensuite le bouillon qui a servi à cuire votre gigot ; dégraissez-le et le passez au tamis ; faites-le réduire en deux

cuillerées: c'est ce qui fait votre glace; mettez-la légèrement
sur le gigot et les légumes pour les placer également ;
ensuite vous mettez un coulis clair dans la casserole qui
a réduit la glace pour en détacher ce qui reste ; passez
cette sauce au tamis pour être plus claire ; assaisonnez-la
d'un bon goût, et servez sur les légumes sans toucher à la
glac

GIGOT DE MOUTON A LA PERSILLADE.

Entrée. Prenez un gigot mortifié que vous parez et ficel-
lez ; faites-le cuire avec du bouillon, très-peu de sel ;
mettez-y un bouquet garni. Quand le gigot est cuit, retirez-le, et faites réduire le bouillon après l'avoir dégraissé
jusqu'à ce qu'il soit en glace ; remettez ensuite le gigot dans
la même casserole pour qu'il prenne toute la substance de
la viande ; ayez soin de le remuer, crainte qu'il ne s'attache. Quand il ne reste plus de sauce dans la casserole,
dressez le gigot sur le plat que vous devez servir ; mettez
dans la casserole un coulis clair pour détacher ce qui reste:
vous avez une bonne pincée de persil que vous faites blanchir un demi quart-d'heure dans l'eau bouillante ; retirez-le à l'eau fraîche, pressez-le et le hachez très-fin ; mettez le persil dans votre sauce, assaisonnez-la de bon goût :
servez-la dessus le gigot.

GIGOT DE MOUTON A LA POÊLE.

Entrée. Prenez un gigot de mouton mortifié ; coupez-le
dans toute sa grandeur par tranches de l'épaisseur de deux
doigts ; faites quatre morceaux du gigot ; lardez-les tous
avec du lard assaisonné de persil, ciboule, champignons:
une pointe d'ail, le tout haché, sel, poivre : foncez une
casserole de quelques bardes de lard, tranches d'oignons ;
mettez-y les morceaux de gigot dessus ; couvrez bien la
casserolle et faites cuire à très-petit feu dans son jus ; à la
moitié de la cuisson, vous y mettrez un verre de vin blanc.
Quand il sera cuit, vous dégraisserez la sauce; si vous
avez du coulis, vous y en mettrez un peu, et servirez
à courte sauce.

GIGOT DE MOUTON A LA GENOISE.

Entrée. Ayez un bon gigot de mouton mortifié ; levez-en
a peau sans la détacher du manche ; lardez toute la chair
avec du céléri à moitié cuit dans une braise ou du bouillon,
les cornichons coupés en lardons, quelques branches d'estragon blanchi, du lard, le tout assaisonné légèrement,
et quelques filets d'anchois, remettez la peau par-dessus,
de façon qu'il n'y paraisse point : arrêtez-la avec de la
ficelle, crainte qu'elle ne se retire en cuisant : faites cuire

votre gigo à la broche comme à l'ordinaire : servez avec
une sauce où vous mettez un peu d'échalottes.

GIGOT DE MOUTON A L'EAU.

Entrée. Appropriez le manche d'un gigot en coupant un
peu le bout pour qu'il ne soit pas si long ; lardez la chair
si vous voulez, avec du lard et quelques filets d'anchois ;
si vous le laissez sans le larder, vous mettrez un peu plus
de sel dans la cuisson : ficelez-le et le mettez dans une marmite juste à sa grandeur, avec une chopine d'eau et autant
de bouillon ; faites bouillir et écumer ; ensuite vous y mettrez un bouquet de persil, ciboule, une demi-gousse d'ail,
trois échalottes, deux clous de girofle, deux oignons, une
carotte et un panais. Quand le gigot sera cuit, passez-en
le bouillon dans un tamis et le dégraissez ; mettez sur le
feu pour le laisser réduire jusqu'à ce qu'il soit en glace,
comme pour un fricandeau ; mettez cette glace par-dessus
le gigot, ensuite vous mettrez quelques cuillerées de bouillon dans la casserole pour détacher ce qui reste : si vous
avez un peu de coulis, vous en mettrez à la place du bouillon ; vous le servirez dessous le gigot, après l'avoir passé
au tamis.

GIGOT A L'ANGLAISE.

Entrée. Coupez-en un peu le manche et la peau sur l'os
du joint, pour pouvoir plier le manche sans défigurer le
gigot ; lardez-le tout en travers avec du gros lard ; ficelez
le gigot et le mettez dans une marmite juste à sa grandeur,
avec du bouillon, un bouquet de persil, ciboule, une
bonne gousse d'ail, trois clous de girofle, une feuille de
laurier, thym, basilic, sel, poivre. Lorsqu'il est cuit,
mettez-le égoutter et l'essuyez de sa graisse avec un linge,
servez-le avec une sauce faite de cette façon : mettez dans
une casserole un verre de bouillon et presque autant de
coulis, des câpres, un anchois, un peu de persil, ciboule, une échalote, un jaune d'œuf dur, le tout haché
très-fin ; faites bouillir deux ou trois bouillons. Servez sur
le gigot.

GIGOT AUX CHOUX FLEURS.

Entrée. Faites-le cuire de la même façon que le précédent. Après l'avoir dressé sur le plat que vous devez servir, vous mettez tout autour des choux fleurs que vous
aurez fait blanchir un moment à l'eau bouillante, et les
mettrez après dans une autre eau bouillante pour les faire
cuire avec un morceau de beurre et de sel. Lorsqu'ils
sont cuits et bien égouttés, vous les arrangez bien
proprement autour du gigot, la fleur en haut ; mettez

par-dessus une bonne sauce faite avec un coulis ordinaire, un morceau de beurre, sel, gros poivre, faites-la
lier sur le feu; en servant, vous y mettrez un petit filet
de vinaigre.

GIGOT AUX CHOUX FLEURS GLACÉ DE PARMESAN.

Entrée. Vous faites cuire le gigot et les choux fleurs de
la même façon que ci-dessus, à cette différence qu'il faut
moins de sel. Le tout étant cuit, vous prenez le plat que
vous devez servir; mettez-y un peu de sauce de la même
manière que ci-dessus; couvrez la sauce avec du parmesan
râpé; arrosez-en tout le dessus avec le restant de la même
sauce, et sur la sauce mettez-y du parmesan. Mettez votre
plat sur un fourneau doux; couvrez-le avec un couvercle
de tourtière et du feu dessus, jusqu'à ce qu'il soit d'une
belle couleur dorée et courte sauce. Avant que de servir,
essuyez les bords du plat, et égouttez la graisse qui se trouve
au-dessus de la sauce.

GIGOT DE MOUTON A LA SERVANTE.

Entrée. L'on prend un gigot rond, après avoir un peu
coupé le joint du manche pour le courber, on le met cuire
dans une marmite ou terrine juste à sa grandeur, avec un
demi-setier d'eau, un bouquet de persil, ciboule, deux
échalottes, une demi-feuille de laurier, et quelques feuilles de basilic. Cuit à petit feu, la sauce courte et dégraissée, on y met gros comme une noix de beurre, que l'on a
manié avec de la farine, un jaune d'œuf dur haché, des
câpres entières; on fait lier cette sauce sur le feu pour la
servir dessous le gigot.

GIGOT DE MOUTON A LA SAINTE-MENEHOULD.

Entrée. On larde un gigot avec du vieux lard, persil,
ciboule, échalottes, un peu de basilic, le tout haché, sel,
poivre. On le fait cuire à petit feu avec un verre d'eau. La
cuisson faite, on prend le gras de la sauce et un peu de
bouillon; l'on y ajoute gros comme une noix de beurre
beaucoup manié de farine, deux jaunes d'œuf crus; on fait
lier cette sauce sur le feu bien épaisse: on l'étend sur tout
le dessus du gigot, que l'on pane avec de la mie de pain;
on l'arrose ensuite légèrement avec du beurre chaud ou
de la graisse; pour lui faire prendre au four, sous un
couvercle de tourtière, une belle couleur dorée. On le
sert avec sa sauce, que l'on met dans le plat sans mouiller
le dessus du gigot.

Entrée. On le larde de gros lard ; ensuite on le fait mariner vingt-quatre heures avec de l'huile, persil, ciboule, échalottes, une demi-feuille de laurier, un peu de basilic, le tout sans être haché, sel, poivre. On le fait cuire à petit feu avec un demi-setier de vin blanc et sa marinade. La cuisson faite, la sauce bien dégraissée et passée au tamis, on y ajoute un peu de coulis ; on la fait réduire sur le feu, si elle est trop longue pour la servir sur le gigot. Au défaut de coulis, l'on peut y mettre de la chapelure de pain bien fine pour lier la sauce.

GIGOT A LA RÉGENCE.

Entrée ou entremets froid. Coupez un gigot de mouton en travers, en trois ou quatre morceaux ; lardez chaque morceaux de gros lard assaisonné de sel, fines épices, fines herbes hachées ; faites-les cuire de la même façon que le bœuf à la royale. Vous le servirez chaud pour entrée, ou froid pour entremets.

GIGOT A LA MAILLY.

Entrée. Il se fait en désossant le gigot, à la réserve du manche ; ensuite vous faites des trous partout le dedans sans percer la peau, pour y mettre un salpicon fait de cette façon ; coupez du lard, un peu de jambon, des champignons, des cornichons, et le tout coupé en dés assaisonnez de sel, fines épices mêlées, persil, ciboules hachées, thym, laurier, basilic en poudre ; maniez le tout ensemble, et le faites partout entrer dans le gigot ; ensuite vous le ficelez et le mettez dans une casserole avec un verre de bouillon et autant de vin blanc, un oignon, une carotte, un panais ; faites-le cuire à petit feu bien étouffé. Lorsqu'il est cuit, vous dégraissez la sauce et la passez au tamis ; faites-la réduire sur le feu si elle est trop longue ; ajoutez-y un peu de coulis pour la lier : servez sur le gigot.

GIGOT A LA SULTANE.

Entrée. Vous faites un peu de farce avec gros comme un œuf de rouelle de veau ; une fois autant de graisse de bœuf que vous hachez ensemble : ajoutez-y du persil, ciboule hachée, un jaune d'œuf cru ; une cuillerée d'eau-de-vie, sel, poivre ; faites des trous dans tout le dessus du gigot pour y faire entrer cette farce, faites le cuire à la broche enveloppé de papier. Lorsqu'il est cuit, vous le servez avec une sauce faite de cette façon : mettez dans une casserole

un demi-setier de vin blanc, autant de bon bouillon, persil
ciboule, une demi-feuille de bon laurier, thym, basilic
une gousse d'ail, deux clous de girofle, une carotte, la
moitié d'un panais, sel, gros poivre ; faites bouillir pendant une heure à petit feu ; que la sauce soit réduite à moi
tié ; passez-la au tamis ; mettez-y après un œuf dur haché
et une pincée de persil blanchi haché très-fin, gros comme
une noix de beurre manié de farine. Faites lier sur le feu,
et servez sur le gigot.

GIGOT PANACHÉ.

Entrée. Lardez-le partout avec quelques cornichons, du
jambon et du lard, le tout coupé en lardons ; ficelez-le et
le mettez dans une marmite juste à sa grandeur, avec un
demi-setier de bouillon, un verre de vin blanc, une tranche de jambon, un bouquet de persil, ciboule, trois clous
de girofle, une gousse d'ail, thym, laurier, basilic ;
faites cuire pendant trois ou quatre heures : ensuite vous
passez une partie de la sauce au tamis ; dégraissez-la et y
mettez trois jaunes d'œufs durs hachés ; des câpres, anchois, persil blanchi ; ajoutez-y la tranche de jambon qui
a cuit avec gigot ; hachez le tout très-fin ; mettez-y un
petit morceau de beurre manié de farine ; faites lier la
sauce sur le feu, et servez le gigot.

DU CARRÉ DE MOUTON.

CÔTELETTES DE MOUTON GRILLÉES.

Entrée. Il se sert sur le gril, coupé en côtelettes ; vous
les trempez dans du beurre frais fondu, sel, poivre, persil, ciboule, champignons, le tout haché ; panez les côtelettes de mie de pain, faites-les cuire sur le gril. Pendant qu'elles cuisent ; arrosez-les avec un peu de beurre,
elles ne seront pas si sèches. Quand elles seront cuites ;
vous les servirez à sec.

CARRÉ DE MOUTON EN TERRINE A L'ANGLAISE AUX LENTILLES.

Entrée. Il faut le couper en côtelettes ; faites-le cuire avec
de bon bouillon, très-peu de sel, un bouquet garni ; faites
aussi cuire un litron de lentilles à la reine avec du bouillon ;
quand elles sont cuites ; passez-les en purée, et mettez
cette purée de lentilles avec ces côtelettes de mouton cuites
et leur assaisonnement : si le coulis se trouve trop clair,
faites-le réduire sur le feu. Vous prenez après une terrine
propre à servir sur la table, et qui souffre le feu ; vous
mettez les côtelettes dedans, avec la moitié du coulis et

couvrez avec de la mie de pain grillée d'un côté ; mettez ensuite votre terrine dans le four, qu'elle bouille pendant une heure : quand vous êtes prêt à servir, mettez dedans le reste du coulis.

CÔTELETTES DE MOUTON EN ROBE DE CHAMBRE.

Entrée. Faites-les cuire avec du bouillon, très-peu de sel, un bouquet garni. Quand elles sont cuites, dégraissez le bouillon et le passez au tamis ; faites le réduire en glace, et mettez dedans les côtelettes pour les glacer ; retirez-les après les avoir glacées pour les mettre refroidir. Prenez de la rouelle de veau et rouelle de bœuf pour faire une farce, avec deux œufs, sel, poivre, persil, ciboule, champignons, le tout haché, et mouillez la farce avec de la crème. Enveloppez chaque côtelette avec cette farce ; mettez-les sur une tourtière, et les panez de mie de pain ; faites-les cuire au four. Quand elles sont de belle couleur, mettez-les égoutter de leur graisse, et servez dessous une bonne sauce claire.

CARRÉ DE MOUTON AUX ÉPINARDS.

Entrée. Coupez les os qui sont au-dessus du filet, en laissant tenir tout le filet après les côtes : ensuite on met le carré dans une casserole juste à sa grandeur, pour le cuire avec du bouillon, un bouquet de persil, ciboule, un peu de basilic, très-peu de sel. La cuisson faite, le fond de la sauce dégraissé, on la laisse réduire jusqu'à ce qu'elle soit de l'épaisseur d'une crème double, et on l'étend sur tout le dessus du carré. L'on a un ragoût d'épinards fait ainsi : cuits cinq ou six bouillons dans de l'eau, bien pressés et un peu hachés, on les passe sur le feu avec du beurre, une bonne pincée de farine mouillée avec un peu de bouillon et de jus assaisonnée de sel ; on les laisse cuire jusqu'à ce qu'il n'y ait presque plus de sauce ; après que l'on a glacé le carré, on met les épinards dans la casserole où il a cuit, pour y faire deux bouillons, en les remuant, afin qu'ils prennent la consistance de ce qui est resté de la sauce ; on les sert dessous le carré.

CARRÉ DE MOUTON AU PERSIL

Entrée. Coupez proprement un carré de mouton, en levant les peaux qui se trouvent sur les filets ; piquez tout le carré avec du persil en branche et bien vert, faites-le cuire à la broche ; lorsque le persil est bien sec, vous avez du saindoux chaud, et l'arrosez avec ; vous continuez de l'arroser de temps en temps, jusqu'à ce que le carré soit cuit ; mettez un peu de jus dans une casserole avec quelques échalottes hachées, sel, gros poivre. Faites chauffer, et servez dessous le carré.

CARRE DE MOUTON A LA CONTI.

Entrée. Appropriez un carré de mouton en levant les peaux qui se trouvent sur le filet ; prenez un quarteron de petit lard bien entrelardé ; deux anchois lavés ; coupez-les en lardons, et les mettez avec un peu de gros poivre, deux échalottes, persil, ciboules hachées, une demi-feuille de laurier, trois ou quatre feuilles de basilic hachées comme en poudre ; trois ou quatre feuilles d'estragon aussi hachées ; lardez tout le filet avec le lard et les anchois ; mettez le carré avec toutes ces fines herbes dans une casserole, mouillez avec un verre de vin blanc et autant de bouillon ; faites cuire à petit feu : lorsqu'il est cuit, dégraissez la sauce, et y mettez gros comme une noix de beurre manié avec une pincée de farine ; faites lier la sauce sur le feu et la servez sur le carré.

COTELETTES DE MOUTON A LA MARINIERE.

Coupez un carré de mouton en côtelettes, que vous appropriez pour qu'elles soient un peu courtes et épaisses ; mettez-les dans une casserole avec gros comme la moitié d'un œuf de beurre ; passez-les sur le feu jusqu'à ce qu'elles soient un peu rissolées et les mouillez avec un verre de vin blanc et autant de bouillon, mettez-y une douzaine de petits oignons blancs ; faites-les bouillir à petit feu : une demi-heure après, vous y mettrez un quarteron de petit lard, avec une carotte, un panais, le tout coupé en filets, une petite branche de sariette et du persil haché, peu de sel, gros poivre, un filet de vinaigre. Lorsque les côtelettes sont cuites, et qu'il reste peu de sauce, vous dressez les côtelettes dans le plat que vous devez servir, les oignons autour, et les filets de racine et de lard sur les côtelettes.

HARICOT DE MOUTON.

Entrée. Coupez une épaule de mouton par morceaux de la largeur de deux doigts, et un peu plus long ; faites un roux avec un peu de beurre et plein une cuiller à bouche de farine : faites-le roussir sur un petit feu, en le tournant toujours avec une cuiller, jusqu'à ce qu'il soit de couleur de cannelle bien foncée ; ensuite vous y mettez du bouillon ; si vous n'en avez point, vous y mettez environ une chopine d'eau chaude : mettez-en peu à la fois, pour que le roux puisse se bien délayer, en remuant toujours avec la cuiller jusqu'à ce que vous ayez mis le tout. Assaisonnez votre viande avec du sel et du poivre, un bouquet de persil, ciboule, une feuille de laurier, thym, basilic, trois clous de girofle, une gousse d'ail : faites cuire à petit

feu. A moitié de la cuisson , penchez votre casserole pour
que la graisse vienne dessus ; ôtez-la avec une cuiller , et
n'en laissez que le moins que vous pourrez. Ayez des navets
bien ratissés et lavés , que vous coupez par morceaux ;
mettez-les dans la viande , faites-les cuire ensemble. Les
navets et la viande étant cuits, ôtez le bouquet; penchez
encore la casserole pour ôter la graisse qui reste. Si la sauce
est trop longue ; il faut faire réduire sur un bon feu jusqu'à ce qu'elle ne soit ni trop claire, ni trop liée, c'est-a-
dire qu'elle soit de l'épaisseur d'une crème double ; dressez
vos morceaux de viande dans le fond du plat, les
navets par-dessus ; arrosez le tout avec la sauce.

HARRICOT DE MOUTON DISTINGUÉ.

Entrée. Il faut prendre un carré de mouton ; coupez les
côtes doubles pour qu'elles soient plus épaisses ; ne laissez
à chacune qu'une côte ; coupez-les très-courtes, et les parez proprement ; applatissez-le un peu avec le couperet,
et les mettez cuire avec du bouillon, un bouquet de persil,
ciboule , une demi-feuille de laurier , un peu de thym et
basilic, deux clous de girofle, une demi-gousse d'ail, sel,
gros poivre. Ayez des navets , que vous coupez et tournez
en amande ; faites-les bouillir un demi quart-d'heure
dans l'eau , et les retirez à l'eau fraîche ; mettez-les cuire
avec du bouillon et du jus pour les colorer , peu de sel,
gros poivre ; lorsqu'ils seront presque cuits, mettez-y deux
ou trois cuillerées de coulis. Vos côtelettes étant cuites,
dégraissez-en la sauce et la passez au tamis pour la mettre
dans le ragoût de navets : ayez soin que le ragoût n'ait pas
trop de sel ; faites-le réduire au point d'une sauce ; dressez
les côtelettes dans le plat que vous devez servir , et le ragoût de navets par-dessus.

CARRÉ ET GIGOT DE MOUTON AUX CONCOMBRES.

Entrée. Ayez un carré de mouton mortifié , que vous parez proprement, c'est-à-dire levez la peau et les nerfs qui
se trouvent sur le filet, et coupez les os qui sont au bas des
côtes ; piquez le dessus du filet avec du lard fin. Vous pouvez aussi le mettre à la broche sans être piqué , mais cette
façon est plus commune. Prenez deux ou trois concombres,
que vous pelez, videz et coupez en dés : faites-les mariner
pendant deux heures avec une petite cuillerée de vinaigre
et un peu de sel ; ensuite vous les pressez avec vos mains
bien lavées pour en faire sortir toute l'eau, et les mettez
à mesure dans une casserole avec un morceau de beurre,
une tranche de jambon : passez-les sur le feu, en les retournant souvent avec une cuiller jusqu'à ce qu'ils commencent à se colorer : vous y mettrez ensuite une pincée

de farine, et les mouillerez moitié jus et moitié bouillon. Si vous n'avez point de jus, vous les colorerez davantage en les passant. Faites-les cuire à petit feu, et les dégraissez; quand ils seront cuits, ajoutez-y un peu de coulis pour les lier, et si vous n'avez point de coulis, vous y mettrez un peu plus de farine avant de les mouiller. Votre ragoût étant fini, vous le servirez dessous le carré de mouton. Si vous voulez servir un ragoût de filets de mouton aux concombres, vous couperez les concombres en tranches bien minces, et les ferez mariner et cuire de la même façon que ci-dessus. Le ragoût étant fini et de bon goût, vous prenez du gigot de mouton cuit à la broche, que l'on a desservi de la table, vous le coupez en filets très-minces, et le mettez chauffer dans le ragoût sans le faire bouillir : vous faites la même chose avec les restes d'un carré et d'une épaule de mouton, et même toutes sortes de viandes qui ont été cuites à la broche.

COTELETTES DE MOUTON A LA POÊLE.

Entrée. Ayez un carré de mouton mortifié, coupez-le par côtes, et les mettez dans une casserole avec un morceau de bon beurre; passez-les sur un petit feu, en les retournant de temps en temps jusqu'à ce qu'elles soient tout-à-fait cuites; retirez-les de la casserole pour les égoutter de leur graisse : vous laisserez environ une demi-cuillerée à bouche de graisse dans la même casserole, et y mettrez avec un verre de bouillon de l'échalotte hachée, sel, gros poivre; faites bouillir pour détacher ce qui tient après la casserole; ensuite vous y mettrez les côtelettes avec trois jaunes d'œufs. Faites lier sur le feu sans bouillir. En servant, mettez-y un peu de muscade avec filet de vinaigre.

COTELETTES DE MOUTON EN GRATIN.

Entrée. Coupez un carré de mouton en côtelettes; mettez-les dans une casserole avec un peu de lard fondu ou du beurre, persil, ciboule, deux échalottes, le tout haché; laissez-les sur le feu et les mouillez avec du bouillon : assaisonnez de gros poivre; faites-les cuire à petit feu : lorsqu'elles sont cuites, dégraissez la sauce, et y mettez un peu de coulis pour la lier. Prenez le plat que vous devez servir, mettez-y partout dans le fond, de l'épaisseur d'un petit écu, un petit gratin fait de cette façon : prenez une poignée de mie de pain passée à la passoire, que vous mêlez avec gros comme la moitié d'un œuf de bon beurre, trois jaunes d'œufs, un peu de persil, ciboule, hachées très-fin, peu de sel. Mettez votre plat sur la cendre chaude jusqu'à ce que votre gratin soit bien attaché à votre plat; égouttez-en le beurre qu'il y a de trop, et servez dessus votre ragoût

des côtelettes. Vous pouvez de cette façon servir plusieurs
sortes de ragoûts.

CARRÉ OU COTELETTES DE MOUTON A LA RAVIGOTE.

Entrée. Laissez votre carré entier si vous le jugez à propos, sinon vous le couperez en côtelettes : la façon est toujours la même ; mettez-les dans une casserole avec un peu
de beurre ; passez-les sur le feu et y mettez une pincée de
farine ; mouillez-la avec du bouillon ; mettez-y un bouquet
de persil, ciboule, une demi-gousse d'ail, deux clous de
girofle ; faites cuire à petit feu. Lorsqu'il est dégraissé,
prenez la même sauce que vous mettez sur une assiette ;
délayez avec trois jaunes d'œufs et des herbes à la ravigote ;
mettez cette liaison dans la casserole où est le carré ou côtelettes ; faites-la lier sur le feu sans qu'elle bouille ; dressez votre viande dans le plat que vous devez servir, et la
sauce par-dessus. Les herbes à la ravigote sont toutes de
fournitures de salade, comme cerfeuil, estragon, pimprenelle, cresson alénois, civette : vous en mettez de chacune suivant leur force. Il n'en faut en tout qu'une demi-
poignée, que vous faites bouillir un demi quart-d'heure
dans de l'eau ; retirez-les à l'eau fraîche, pressez-les bien
dans vos mains, et les pilez très-fin avant de les mettre
dans la liaison.

ÉPAULE DE MOUTON EN BALLON.

Entrée. Désossez-la et l'arrondissez ; faites-la tenir à force
de ficelle. Vous mettez ensuite cuire dans une bonne braise, comme la langue de bœuf, bien assaisonnée. Quand elle
est cuite et bien essuyée de sa graisse, servez-la avec le
même ragoût que vous servez au gigot et au carré.

EPAULE DE MOUTON A LA TURQUE.

Entrée. Mettez cuire pendant quatre heures une épaule
de mouton avec du bouillon, un bouquet de persil, ciboule, une gousse d'ail, deux clous de girofle, une feuille de
laurier, thym, basilic, deux oignons, quelques racines
un peu de sel et poivre. Quand elle est cuite, prenez un
quarteron de riz, que vous lavez et mettez cuire avec le
bouillon de la cuisson de l'épaule, que vous passez au tamis
sans le dégraisser. Quand le riz est cuit et bien épais, mettez l'épaule sur le plat que vous devez servir ; coupez-la en
deux ou trois endroits pour y faire entrer du riz ; couvrez
tout le dessus de l'épaule avec du riz et sur le riz vous y
mettrez du fromage de gruyère râpé. Faites prendre couleur dessous un couvercle de tourtière avec un bon feu
dessus : servez avec une sauce d'un coulis clair.

EPAULE DE MOUTON AU FOUR.

Entrée. Lardez, si vous voulez, une épaule de mo
vec du petit lard; mettez dans le fond d'une terrine
portionnée à la grandeur de l'épaule, deux ou trois oign
en tranches, un panais et une carotte coupée en zestes
une gousse d'ail, deux clous de girofle, une demi-feuille
de laurier et quelques feuilles de basilic, environ un bon
demi-setier d'eau, ou de bouillon pour le mieux, sel, poivre. Si l'épaule est lardée de petit lard, vous y mettrez
moins de sel; mettez l'épaule dessus; et la faites cuire au
four. Quand elle sera cuite, vous passerez la sauce au tamis,
et presserez fort les légumes pour qu'ils fassent une petite
purée claire pour lier la sauce: dégraissez la sauce, et la
servez dessus l'épaule.

ÉPAULE DE MOUTON A LA SAINTE-MÉNEHOULD.

Entrée. Faites cuire une épaule de mouton avec un petit
bouillon, un bouquet de persil, ciboule, une gousse d'ail,
trois clous de girofle, une feuille de laurier, thym, basilic,
oignons, racines, sel, poivre. Quand elle est cuite, vous
l'ôtez de la cuisson et l'égouttez: dressez-la sur le plat que
vous devez servir; mettez dessous une sauce liée, que vous
faites en prenant deux cuillerées de coulis, que vous mettrez dans une casserole avec un morceau de beurre manié
de farine, trois jaunes d'œufs: faites-la lier sur le feu, et
la versez dessus l'épaule; panez avec la mie de pain; arrosez doucement la mie de pain avec du dégraissis de la cuisson de l'épaule; faites prendre couleur dessous un couvercle de tourtière avec un peu de feu dessus; ensuite vous
égoutterez la graisse qui est dans le plat. Essuyez les bords,
et servez dessous une sauce claire à l'échalotte, ou simplement un peu de jus avec du sel et du gros poivre. Si vous
n'avez point de coulis pour la sauce que vous mettez sur
l'épaule, prenez de la cuisson que vous dégraissez, et mettez un peu plus de farine avec le beurre.

EPAULE DE MOUTON A LA ROUSSI.

Entrée. Ayez deux poignées de persil en branches, sans
ôter les queues et bien vert: piquez-en tout le dessus de l'é-
paule, qu'elle soit bien couverte: mettez-la à la broche.
Quand le persil sera bien échauffé, vous avez du saindoux
chaud que vous versez légèrement sur le persil avec une
cuillér, et en mettez de temps en temps jusqu'à ce que l'é-
paule soit cuite. Pour la servir, vous hacherez deux échalottes, que vous mettrez dans un peu de jus avec sel, gros
poivre: faites chauffer, dressez la sauce dessous l'épaule.

HACHIS DE MOUTON COUVERT,

Entrée. Mettez cuire une épaule de mouton à la broche: hachez très-fin trois ou quatre oignons avec deux échalottes : passez-les sur le feu avec un morceau de beurre, jusqu'à ce qu'ils commencent à prendre couleur; ensuite vous y mettrez une bonne pincée de farine, que vous remuerez jusqu'à ce qu'elle soit d'une belle couleur dorée. Mouillez avec deux verres de bon bouillon: ajoutez-y une pincée de persil haché : faites bouillir à petit feu pendant une demi-heure : ensuite vous prendrez l'épaule qui est cuite à la broche : levez-en toute la chair sans toucher à la peau et à tout le dessus, parce qu'il faut qu'elle paraisse comme entière. Prenez la chair que vous avez enlevée, hachez-la très-fin, et la mettez avec l'oignon; faites chauffer sans bouillon. Assaisonnez de sel, gros poivre; arrosez le dessus de l'épaule avec de la graisse ou du beurre, panez avec de la mie de pain: faites-lui prendre une belle couleur dorée dessous un couvercle de tourtière avec du feu dessus : dressez le hachis dans le plat, et le hachez avec l'épaule.

ÉPAULE DE MOUTON A L'EAU.

Entrée. Laissez-la dans son naturel : après lui avoir cassé les os, faites-la cuire avec du bouillon et un bouquet garni. Quand elle est cuite, dégraissez le bouillon et le faite réduire en glace; remettez dedans l'épaule pour la glacer. Mettez ensuite un peu de coulis clair pour détacher ce qui reste à la casserole, et servez cette sauce dessous l'épaule.

ÉPAULE DE MOUTON DE PLUSIEURS FAÇONS.

Entrée. Elle se sert cuite à la broche avec sauce à la ciboulette, à l'échalotte, ragoût de chicorée, ragoût de laitue. Voyez au Chapitre des Ragoûts.

DU BOUT SAIGNEUX DE MOUTON AU COLLET.

Faites-le cuire à la braise, faites avec bouillon, sel, poivre, un bouquet garni; quand il est bien cuit, vous le pouvez servir avec ragoût de navets, ragoût de concombres, ragoût de céléri, ragoût de passe-pierre ou sauce hachée, à l'anglaise, sauce à la ravigote. Quand il est fondu, il se met dans le pot. Après qu'il est cuit, mettez-le sur le gril avec graisse du pot, persil, ciboules hachées, sel, poivre, et pané de mie de pain : servez dessous une sauce au verjus.

DES ROGNONS DE MOUTONS, COMMENT LES SERVIR.

Hors-d'œuvre. Ils se font cuire sur le gril. Il faut les ouvrir par le milieu, et leur passer une petite brochette au travers; assaisonnez-les de sel, poivre. Quand ils sont cuits, vous mettez dessous une sauce à l'échalotte.

Les rognons extérieurs, appelés animelles, se servent pour entremets. Ôtez la peau, coupez-les en tranchés, et les faites mariner avec sel, poivre, jus de citron : essuyez-les ensuite, et les farinez ; faites-les frire, et servez garnis de persil frit.

DE LA POITRINE DE MOUTON DE PLUSIEURS FAÇONS.

Hors-d'œuvre. Elle est aussi bonne dans le pot que le bout seigneux, et se fait griller de même. Vous la faites aussi cuire à la braise, entière ou coupée par morceaux, et la servez avec un ragoût de navets : l'on en fait aussi un hochepot. Voyez *Queue de bœuf en hochepot.*

DU FILET DE MOUTON EN BREZOLLE.

Hors-d'œuvre. Vous prenez un filet de mouton entier, que vous parez de toutes ses filandres, et le coupez mince. Mettez-le ensuite dans une casserole, lit par lit, avec persil, ciboule, champignons, une pointe d'ail, le tout haché, du lard fondu, sel, gros poivre, et le faites cuire à la braise à très-petit feu. Quand il est cuit, vous le dégraissez et détachez les filets : ajoutez-y un peu de coulis dans la sauce, et servez.

Vous pouvez aussi servir le filet en fricandeau au naturel, ou avec un ragoût de chicorée ou de laitue.

LANGUE DE MOUTON GRILLÉE.

Hors-d'œuvre. Après l'avoir fait cuire dans l'eau, vous la servez communément grillée, pour lors vous ôtez la peau, et la fendez à moitié. Faites-la tremper avec de la graisse du pot, ou pour le mieux avec de l'huile fine, persil, ciboule, champignons, une pointe d'ail, le tout haché, sel, poivre : panez-la et la faites griller; servez ensuite avec une sauce verjus. Il faut trois langues pour faire un plat, ou deux si elles sont grosses.

LANGUES DE MOUTON EN PAPILLOTES.

Hors-d'œuvre. Après qu'elles sont cuites dans l'eau et nettoyées de leur peau, faites-les mariner avec sel, gros poivre, persil, ciboule, champignons, une pointe d'ail, le tout haché, la moitié d'un citron coupé en tranches.

huile fine ; mettez chaque moitié de langue avec de tout
l'assaisonnement dans du papier blanc, et frottez d'huile,
avec bardes de lard dessus et dessous ; pliez de papier tout
autour pour que rien ne sorte : faites-les cuire sur le gril
à très-petit feu : et servez avec le papier.

LANGUE DE MOUTON A LA CUISINIÈRE.

Hors d'œuvre. Après les avoir fait griller, comme il est
dit aux langues grillées, mettez dans une casserole gros
comme un petit œuf de bon beurre, deux jaunes d'œufs
crus, deux cuillerées de verjus, un peu de bouillon, sel,
poivre, muscade ; tournez-la sur le feu jusqu'à ce qu'elle
soit liée comme une sauce blanche : servez dessous les
langues

LANGUE DE MOUTON EN MATELOTTE.

Hors-d'œuvre. On prend deux langues cuites, après les
avoir épluchées et ouvertes en deux, sans séparer les morceaux ; on les met dans une casserole avec deux ou trois
oignons coupés chacun en quatre, des champignons coupés en deux, du bouillon, un verre de vin blanc, du
coulis, et faute de coulis, plein une cuiller à bouche de
chapelure fine ; sel, gros poivre ; on laisse bouillir une
bonne demi-heure jusqu'à ce que l'oignon soit cuit : la sauce
assez réduite ; l'on y délaie un anchoi haché, une bonne
pincée de câpres entières. Les langues dressées sur le plat,
garnies de croûtons de pain frit, l'oignon et les champignons autour, on arrose le tout avec la sauce.

HATELET DE LANGUE DE MOUTON.

Hors-d'œuvre. Prenez trois langues de mouton cuites à
l'eau : coupez-les en morceaux carrés de même grandeur ;
passez-les sur le feu dans une casserole avec un morceau
de bon beurre, sel, poivre, persil, ciboule, champignons, le tout haché ; mouillez avec du coulis si vous en
avez, sinon mettez une bonne pincée de farine, et mouillez avec du bouillon. Laissez bouillir le ragoût jusqu'à ce
que la sauce soit bien épaisse ; vous y mettrez ensuite deux
jaunes d'œufs ; faites lier les œufs avec la sauce sur le feu
sans qu'ils bouillent ; mettez ensuite refroidir le ragoût,
et embrochez tous les petits morceaux de langue dans de
petites brochettes de bois ; faites tenir toute la sauce après
et les panez de mie de pain ; faites les griller en les arrosant de temps en temps avec un peu de beurre. Quand
ils sont grillés de belle couleur, servez à sec avec les brochettes.

LANGUES DE MOUTON A LA BROCHE.

Hors-d'œuvre ou entremets. Prenez quatre langues, que vous faites cuire dans de l'eau avec du sel, un oignon pi que de deux clous de girofle, une carotte et un panais. Quand elles sont presque cuites, ôtez-en la peau, et les lardez en travers avec du gros lard. Pour le mieux, si vous e voulez, à la place du gros lard, vous piquerez tout le dessus avec du petit lard; embrochez-les dans un hatelet, et l'attachez à la broche, enveloppé avec du papier que vous graissez. Quand elles seront cuites de belle couleur, servez-les avec une sauce faite de cette façon : mettez dans une casserole trois cuillerées de jus, deux cuillerées de verjus, un petit morceau de beurre manié de farine, sel, gros poivre; faites lier sur le feu, et servez dessous les langues.

LANGUES DE MOUTON A LA FLAMANDE.

Hors-d'œuvre. Prenez deux ou trois oignons, que vous coupez par tranches; passez-les sur le feu avec du beurre jusqu'à ce qu'il commence à se colorer. Mettez-y une pincée de farine, et mouillez avec un verre de vin blanc et un demi-verre de jus. Mettez-y aussi des champignons, deux échalottes, persil, ciboule, le tout haché très-fin, sel, gros poivre, une pointe de vinaigre : faites bouillir le tout ensemble un demi-quart-d'heure. Ayez trois langues de mouton cuites à l'eau, que vous épluchez, et les fendez en deux sans les séparer; mettez-les dans la sauce pour les faire bouillir ensemble jusqu'à ce qu'elles aient pris goût et qu'il reste peu de sauce : servez.

LANGUES DE MOUTON A LA POÊLE.

Hors-d'œuvre. Epluchez trois langues de mouton après es avoir fait cuire à l'eau; fendez-les en deux par moitié ans les séparer; mettez-les dans une casserole avec de bon ou illon, deux cuillerées de coulis : si vous n'avez point de ou lis, mettez environ deux cuillerées à bouche de chapere de pain dans un peu de bouillon; faites-la bouillir un n stant et la passez au travers d'un tamis en la pressant avec ne cuiller. Cette façon peut servir pour beaucoup de ragoûts bourgeois, où l'on veut éviter la dépense et la peine de faire un coulis. Après avoir mis votre coulis, vous y mettez aussi un verre de vin blanc, persil, ciboule, une pointe d'ail, des champignons, le tout haché très-fin, un petit morceau de beurre, sel, gros poivre : faites bouillir pendant une demi-heure, jusqu'à ce que la sauce ne soit plus trop liée ni trop claire.

LANGUES A LA GASCOGNE.

Hors-d'œuvre. Coupez par filets trois langues de mouton cuites à l'eau ; ayez un plat qui aille au feu ; mettez dans le fond un peu de coulis avec persil, ciboule, une demi-gousse d'ail, des champignons, le tout haché très-fin, sel, gros poivre : arrangez dessus les filets de langues, et les assaisonnez dessus comme dessous. Couvrez tout le dessus avec de la mie de pain, et sur la mie de pain vous y mettrez partout de petits morceaux de beurre gros comme des pois ; ce qui nourrira votre ragoût, et empêchera votre mie de pain de noircir à la chaleur du feu. Mettez le plat sur un petit feu, couvrez-le avec un couvercle de tourtière, et du feu dessus, quand il sera de belle couleur, servez à courte sauce.

LANGUES AU GRATIN.

Hors-d'œuvre. Faites-les cuire avec un peu de bouillon, un demi-verre de vin blanc, un bouquet de persil, ciboule, une demi-feuille de laurier, un peu de thym, basilic, une demi-gousse d'ail, deux clous de girofle, sel, gros poivre ; faites-les bouillir pendant une demi-heure à très-petit feu ; ajoutez-y un peu de coulis. Pour le gratin, prenez un plat qui aille au feu : mettez dans le fond une farce de l'épaisseur d'un écu, faites avec de la mie de pain, un morceau de beurre ou de lard râpé, deux jaunes d'œufs crus, persil, ciboule hachés, un peu de coulis, ou une cuillerée à bouche de bouillon, sel, gros poivre. Mêlez le tout ensemble, et mettez votre plat sur un peu de cendre chaude, jusqu'à ce que votre farce soit attachée au plat : ensuite vous en égoutterez le beurre. Essuyez les bords du plat, servez dessus les langues avec leur sauce.

LANGUES A LA SAINTE-MENÉHOULD.

Hors-d'œuvre. Après qu'elles sont cuites à l'eau, vous les épluchez et fendez en deux sans les séparer, et les mettez prendre du goût en les faisant bouillir pendant une demi-heure avec un demi-setier de lait, un morceau de beurre, persil, ciboule, une gousse d'ail, deux échalottes, le tout entier, deux clous de girofle, sel, gros poivre : ensuite vous ôtez les fines herbes, et prenez le plus gras de la cuisson des langues pour les tremper dedans, les panez de mie de pain. Faites-les griller de belle couleur, et les servez avec une sauce piquante faite de cette façon : mettez dans une casserole des zestes de racines, oignons, une demi-feuille de laurier, thym, basilic, une demi-gousse d'ail, un morceau de beurre ; passez-les sur le feu jusqu'à ce qu'ils commencent à prendre un peu de couleur; ensuite vous y mettez une pincée de farine mouillée avec un peu de bouillon, une cuillerée à bouche de vinaigre, sel, poivre; faites bouillir la sauce pendant un quart-d'heure: dégraissez-la et la passez au tamis: cette sauce peut servir pour toutes sortes d'entrées de broches grillées, qui ont besoin d'être relevées

CERVELLE DE MOUTON À L'ÉTUVÉE.

Entrée. Il faut quatre cervelles pour faire une entrée d'une grandeur ordinaire: bien dégorgées dans l'eau, et blanchies à deux bouillons à l'eau bouillante, on les met cuire entre des bardes de lard; une douzaine de petits oignons blancs, un bouquet de persil, ciboule, deux clous de girofle, thym, laurier, basilic, un demi-setier de vin blanc, un quarteron de petit lard coupés en gros dés, peu de sel, gros poivre. La cuisson faite, l'on passe le fond de la sauce au tamis, on y ajoute du coulis pour la lier. Les cervelles dressées dans le plat, le petit lard et les oignons autour, avec des croûtons de pain frit, on délaie dans la sauce un anchois haché, une pincée de câpres fines entières, pour la servir dessus.

PIEDS DE MOUTON À LA POULETTE.

Hors-d'œuvre. Après les avoir fait cuire dans de l'eau, il faut les éplucher de ce qui leur reste de poil, et ôter le gros os; mettez-les ensuite dans une casserole avec un bon morceau de beurre, un bouquet garni: faites-leur faire quelques tours sur le feu. Quand ils seront cuits et la sauce réduite, il ne faut point les dégraisser; mettez-y trois jaunes d'œufs délayés avec du lait ou de la crème, si vous en avez; faites-la lier sur le feu, et en servant mettez-y un filet de verjus ou de vinaigre

PIEDS DE MOUTON À LA SAINTE-MENEHOULD.

Hors-d'œuvre. Quand ils sont cuits dans l'eau, vous leur ôtez le gros os, et les laissez entiers; mettez-les ensuite dans une casserole avec un morceau de beurre, persil, ciboule, une pointe d'ail, le tout haché, sel, poivre; faites-les cuire jusqu'à ce qu'il n'y ait presque plus de sauce; sur la fin, remuez-les, crainte qu'il ne s'attachent. Quand ils sont refroidis, trempez-les dans le restant de la sauce, et les panez de mie de pain; faites-les griller, et les servez à sec ou avec une sauce piquante et claire

PIEDS DE MOUTON A LA RAVIGOTE.

Hors-d'œuvre: Quand ils sont cuits dans l'eau, ôtez-en le gros os, et les mettez dans une casserole avec bon beurre, un bouquet garni, du bouillon, bon coulis, sel, poivre: faites-les bouillir jusqu'à ce que la sauce soit réduite. Quand vous êtes prêt à servir, vous mettez dedans votre ravigote, qui est composée de toutes sortes de fournitures de salade, comme cerfeuil, pimprenelle, pourpier, corne-de-cerf, peu de baume, peu d'estragon, et de la cirette. Faites blanchir le tout un demi-quart-d'heure au plus, retirez-les de l'eau et les pressez; hachez-les très-fin, servez-les dans le ragoût: que la sauce ne soit ni trop claire ni trop épaisse, et assaisonnée d'un bon goût.

PIEDS DE MOUTON A LA SAUCE ROBERT.

Hors-d'œuvre. Prenez de l'oignon que vous coupez en filets; mettez-le dans une casserole avec un morceau de beurre: faites-le cuire à moitié: mettez-y ensuite les pieds de mouton coupés en trois et bien épluchés; mouillez avec du bouillon et un peu du coulis assaisonné de sel, poivre. Quand votre ragoût est cuit, mettez-y de la moutarde, un filet de vinaigre, et servez à courte sauce.

PIEDS DE MOUTON FARCIS.

Hors-d'œuvre. Ayez une douzaine de pieds de mouton cuits à l'eau; mettez-les dans un peu de bouillon avec du sel, poivre, une feuille de laurier, thym, basilic, une gousse d'ail; faites-les mijoter pendant une demi-heure, retirez les et les désossez le plus que vous pourrez, et à la place des os, vous ferez entrer une farce de cette façon: hachez un petit morceau de viande cuite avec autant de graisse de bœuf, un peu de mie de pain desséchée avec du lait. Assaisonnez de sel, poivre, persil, ciboules hachés, liés de trois jaunes d'œufs. Après qu'ils seront farcis, si vous voulez les faire frire, trempez-les dans de l'œuf battu, et les panez de mie de pain: faites-les frire de belle couleur: servez sortant de la poêle. Si vous voulez les servir sans être frits, vous les trempez dans du beurre chaud; panez-les de mie de pain. Vous pouvez les faire griller ou leur faire prendre couleur sur le plat que vous devez servir, avec un couvercle de tourtière et du feu dessus; égouttez-en la graisse, s'il y en a: servez, les bords du plat bien essuyés. L'on peut y mettre une sauce d'un jus clair, si l'on veut

PIEDS DE MOUTON AU GRATIN.

Hors-d'œuvre. Faites-les cuire dans l'eau, et ensuite vous les mettez prendre du goût dans une casserole avec un verre de vin blanc, trois cuillerées de bouillon et autant de coulis, un bouquet de persil, ciboules, une demi-gousse d'ail ; deux clous de girofle, sel, gros poivre ; faites-les bouillir à petit feu et réduire à courte sauce : ôtez le bouquet, et les servez sur un gratin, comme celui des langues de mouton, ci-devant.

PIEDS DE MOUTON AUX CONCOMBRES.

Hors-d'œuvre ou entrée. Faites-les cuire et prendre du goût, comme il est dit aux pieds de mouton de différentes façons, ci-devant : et à la place d'une sauce, un ragoût de concombres ; comme il est expliqué.

PIEDS DE MOUTON AUX CONCOMBRES, EN FRICASSÉE DE POULET.

Hors-d'œuvre ou entrée. Vous coupez chaque pied en trois morceaux. Après les avoir fait cuire à l'eau et bien épluchés, mettez-les dans une casserole avec autant de concombres coupés en gros dés, que vous aurez fait mariner pendant une heure avec une cuillerée de vinaigre et un bouquet de persil, ciboules, une gousse d'ail, une demie-feuille de laurier, deux clous de girofle : passez le tout ensemble sur le feu, et y mettez après une pincée de farine mouillée avec un peu de bouillon. Laissez bouillir à petit feu jusqu'à ce que les concombres soient cuits, et qu'il n'y ait presque plus de sauce ; mettez-y une liaison de trois jaunes d'œufs délayés avec de la crème : faites li la sauce sur le feu sans qu'elle bouille, crainte qu'elle tourne. Avant de servir, goûtez s'il y a assez de sel et de vinaigre ; ajoutez-y un peu de gros poivre.

PIEDS DE MOUTON AU BASILIC.

Hors-d'œuvre. Faites-les cuire comme il est dit aux pieds de mouton de plusieurs façons ; mettez-les refroidir, et trempez-les ensuite dans de l'œuf battu pour les paner de mie de pain. Faites-les frire dans du saindoux jusqu'à ce qu'ils soient d'une belle couleur dorée, et les servez garnir de persil frit. Les pieds farcis se font de la même façon, à cette différence que quand ils sont froids, vous mettez autour de chaque pied une sauce bien liée avec de l'œuf, et les trempez ensuite dans de l'œuf pour les paner de la même façon que les précédens.
3

DE LA QUEUE DE MOUTON

Elle se sert cuite à la braise comme la langue de bœuf

QUEUE DE MOUTON DE PLUSIEURS FAÇONS.

Entrée. Vous prenez cinq ou six queues de mouton, après les avoir fait cuire dans une petite braise, qui est composée de bouillon, deux ognons et deux racines, un bouquet de fines herbes, sel, poivre : faites-les cuire trois ou quatre heures. Quand elles sont cuites de cette façon, elles peuvent vous servir à différens changemens. Si vous voulez les mettre sur le gril quand elles sont froides, trempez-les dans deux œufs battus, comme pour une omelette; panez-les ensuite avec de la mie de pain, quand elles sont toutes panées, trempez-les après dans de l'huile fine, ou de la graisse du derrière du pot, qu'elle soit tiède; repanez-les une seconde fois, et les mettez griller à petit feu. Ayez soin de les arroser sur le gril avec le reste de l'huile ou graisse. Quand elles sont grillées de belle couleur, servez-les à sec ou avec une petite sauce claire à l'échalotte.

Si c'est pour servir frites, quand elles sont cuites et refroidies, comme il est dit ci-dessus, trempez-les simplement dans des œufs battus, panez-les de mie de pain, et les faites frire de belle couleur. Servez-les avec du persil frit.

Étant cuites à la braise, elles se servent avec un coulis de lentilles et petit lard, ou un ragoût de choux et petit lard.

Vous pouvez aussi les mettre au permesan : pour lors il faut très-peu de sel dans la braise. Vous prenez le plat que vous devez servir; mettez dans le fond un peu de coulis et du permesan râpé; arrangez les queues de mouton dessus; mettez sur les queues un peu de sauce et du permesan. Il faut les faire mijoter un quart-d'heure sur le feu, et passer la pelle rouge par-dessus pour les glacer. Servez de belle couleur à courte sauce.

QUEUES DE MOUTON AU RIZ.

Entrée. Ayez cinq belles queues de mouton; mettez-les cuire avec du bouillon, un bouquet de persil, ciboules, deux clous de girofle, demi-gousse d'ail, une demi-feuille de laurier, thym, basilic, sel, poivre; faites-les cuire à petit feu, et les retirez ensuite de leur braise pour les mettre égoutter et refroidir. Prenez environ six onces de riz bien épluché, que vous avez plusieurs fois à l'eau tiède en le frottant avec les mains; mettez-le dans une petite marmite avec le bouillon où vous à servi à faire cuire les queues, passez le au tamis sans le dégraisser, et s'il n'y en avait pas assez, vous en mettrez un peu d'autre. Faites cuire le riz à petit feu : il faut qu'il soit bien épais, sans être trop cuit. Quand il sera à moitié froid, vous couvrirez le fond du plat que vous devez servir avec un peu de riz ; arrangez les queues dessus sans qu'elles se touchent; couvrez-les toutes avec le restant du riz, en leur conservant à chacune leur forme de queue ; dorez un peu le dessus avec de l'œuf battu; mettez le plat sur un peu de cendre chaude, et un couvercle de tourtière couvert d'un bon feu ; laissez-les jusqu'à ce qu'elles soient d'une belle couleur dorée, et que le riz soit en croûte ; alors vous penchez un peu le plat pour en égoutter la graisse ; essuyez les bords et servez.

QUEUES DE MOUTON A LA PRUSSIENNE.

Entrée. Prenez quatre ou cinq queues de mouton, la moitié d'un chou, une demi-livre de petit lard; faites blanchir le tout un quart-d'heure à l'eau bouillante, et le retirez à l'eau fraîche. Passez le chou et le coupez en plusieurs morceaux que vous ficelez chacun dans leur particulier; coupez aussi le petit lard en plusieurs morceaux sans les séparer d'avec la couenne ; ficelez-les. Mettez les queues dans le fond d'une petite marmite, les choux, le lard et six gros oignons par-dessus, un bouquet de persil, ciboules, deux clous de girofle, une demi-gousse d'ail, une très-petite branche de fenouil, peu de sel, gros poivre : mouillez avec du bouillon. Faites cuire à la braise à très-petit feu ; coupez des mies de pain en rond, de la grandeur d'un petit feu ; passez-les sur le feu avec du beurre jusqu'à ce qu'elles soient d'une belle couleur dorée: vous les mettrez égoutter.

Jetez une bonne pincée de farine dans le beurre qui reste de la friture des croûtons ; faites-la roussir, et mouillez avec du bouillon de la cuisson des choux et un filet de vinaigre: faites bouillir une demi-heure pour que la farine ait le temps de cuire, et que cela vous forme un petit coulis de bon goût : dégraissez-le et le passez au tamis. Quand les queues seront cuites, et qu'il n'y restera plus de sauce, mettez-les égoutter: essuyez le tout avec un linge ; dressez les queues entremêlées de choux, les oignons autour, le lard et les croûtons par-dessus les choux : servez la sauce par-dessus.

CHAPITRE V.

DU VEAU.

DÉTAIL DE SES PARTIES.

Le veau est d'une grande utilité dans la cuisine : il fournit de quoi diversifier une table. Voici les parties dont nous faisons usage : la tête, la cervelle, les yeux, les oreilles, la langue, la fressure qui comprend le mou, le cœur et le foie, la fraise, les pieds, le ris, la longe avec le quasi, la rouelle avec le jarret, l'épaule, le collet, la poitrine, le tendon, la queue, les filets, les rognons, la moelle dite AMOURETTE.

DE LA TÊTE DE VEAU, MANIÈRE DE L'ACCOMMODER.

Hors-d'œuvre. Après lui avoir ôté ses mâchoires, faites-la dégorger une nuit entière dans l'eau : ensuite vous la faites blanchir et cuire avec une eau blanche. Délayez dans une marmite une poignée de farine ; faites bouillir cette eau avant que de mettre la tête dedans : assaisonnez-la de sel, poivre, un gros bouquet garni, deux oignons carottes, panais. Quand la tête est bien cuite, mettez-la égoutter ; découvrez la cervelle, et la servez avec une sauce au vinaigre. Vous pouvez aussi la servir avec plusieurs sauces différentes, comme sauce à la poivrade, sauce à la ravigote, sauce à l'italienne.

TÊTE DE VEAU FARCIE A LA BOURGEOISE.

Entrée ou entremets. Ayez une tête de veau avec sa peau blanche et bien échaudée ; enlevez la peau de dessus la tête, et prenez bien garde de la couper. Vous désossez ensuite la tête pour en prendre la cervelle, la langue, les yeux et les bajoues ; faites une farce avec de la cervelle, de la rouelle de veau, de la graisse de bœuf, le tout haché très-fin. Assaisonnez avec du sel, gros poivre, persil, ciboules hachés, une demi-feuille de laurier, thym et basilic hachés comme en poudre ; mettez-y deux cuillerées à bouche d'eau-de-vie ; liez cette farce avec trois jaunes d'œufs, et les trois blancs fouettés ; prenez la langue, les yeux, dont vous ôtez tout le noir, les bajoues ; épluchez le tout proprement, après l'avoir fait blanchir à l'eau bouillante, le coupez en filets ou en gros dés, et les mêlez dans votre farce. Mettez la peau de la tête de veau

sans être blon hie, dans une casserole ; les oreilles en dessous, et la remplissez avec votre farce ; ensuite vous la
cousez en la plissant comme une bourse. Ficelez-la tout
autour en lui redonnant la forme naturelle ; mettez-la
cuire dans un vaisseau juste à sa grandeur, avec un demi-
setier de vin blanc, deux fois autant de bouillon, un bouquet de persil, ciboules, une gousse d'ail, trois clous de
girofle, deux racines, oignons, sel, poivre ; faites-la cuire
à petit feu pendant trois heures. Lorsqu'elle est cuite,
mettez-la égoutter de sa graisse, et l'essuyez bien avec un
linge, après lui avoir ôté la ficelle. Passez une partie de sa
cuisson au travers d'un tamis ; égouttez-y un peu de coulis
si vous en avez, et y mettez un filet de vinaigre ; faites-la
réduire sur le feu au point d'une sauce. Servez sur la tête
de veau.

Si vous vouliez vous servir de cette tête de veau pour
entremets froid, il faudrait mettre dans la cuisson un
peu plus de vin blanc, sel, poivre, et moins de bouillon.
Laissez-la refroidir dans sa cuisson et servez sur une
serviette.

TÊTE DE VEAU A LA SAINTE-MENEHOULD.

Entrée. Otez-en les mâchoires, et coupez les jusqu'au
près des yeux ; mettez-la dans une marmite avec de l'eau,
et la faites écumer comme un pot au feu ; ensuite vous y
mettez un bouquet de persil, ciboules, deux gousses d'ail,
trois clous de girofle, une feuille de laurier, thym, basilic, sel, poivre. Lorsque la tête est cuite, vous la tirez
pour la bien égoutter ; ôtez les os qui sont sur la cervelle ;
dressez-la sur le plat que vous devez servir ; mettez sur
toute la tête une sauce de cette façon : mettez dans une
casserole un morceau de beurre un peu plus gros qu'un œuf,
deux bonnes pincées de farine, sel, gros poivre, trois
jaunes d'œufs, deux cuillerées de vinaigre ; délayez le tout
ensemble, et y ajoutez un demi-verre de bouillon. Faites
lier la sauce sur le feu, qu'elle soit bien épaisse ; mettez-en
partout dessus la tête ; panez-la de mie de pain ; arrosez
la mie de pain avec un peu de beurre ; faites prendre
couleur au four, ou dessous un couvercle de tourtière qui
soit assez élevé pour qu'il ne touche pas à la mie de pain.
Quand elle sera de belle couleur dorée, penchez le plat
pour égoutter la graisse ; essuyez les bords. Servez dans le
fond une sauce piquante, que vous trouverez la première
à l'article des Sauces.

LANGUE DE VEAU DE DIFFÉRENTES FAÇONS.

Hors-d'œuvre. La langue de veau étant cuite à la braise, se
sert aussi de différentes façons, et s'accommode de la même
manière que la langue de bœuf. Voyez la *Langue de bœuf.*

CERVELLES DE VEAU EN MATELOTE.

Hors-d'œuvre ou entrée. Prenez deux cervelles de veau, faites-les dégorger dans de l'eau; et les faites cuire dans du vin blanc, bouillon, sel, poivre, un bouquet garni. Vous faites un ragoût de petits oignons et racines, que vous faites cuire avec bouillon, un bouquet garni assaisonné de bon goût et lié de coulis. Servez-le autour des cervelles. Vous pouvez aussi la servir de la même façon, avec différens ragoûts, pour entrée. Elle se sert encore pour entremets quand elle est marinée; faites-la frire, et servez garnie de persil frit.

CERVELLE DE VEAU AU SOLEIL.

Hors-d'œuvre ou entrée. Ayez deux cervelles de veau que vous faites dégorger à l'eau tiède; mettez-les cuire avec un peu de bouillon, deux ou trois cuillerées de vinaigre blanc, un bouquet de persil, ciboules, une gousse d'ail, trois clous de girofle, thym, laurier, basilic. La cuisson faite, coupez chaque morceau de cervelle en deux, et les trempez dans une pâte faite avec deux poignées de farine délayée avec une cuillerée d'huile, un demi-setier de vin blanc et du sel fin: faites-les frire dans du saindoux jusqu'à ce qu'elles soient d'une belle couleur dorée et la pâte croquante. Servez chaud.

OREILLES DE VEAU DE PLUSIEURS FAÇONS.

Elles se servent avec différentes sauces, quand elles sont cuites dans une braise blanche.

Hors-d'œuvre. Prenez des oreilles bien échaudées que vous faites blanchir, et les épluchez après pour qu'il ne reste point de poil. Faites la braise de cette façon: Mettez dans une petite marmite de bon bouillon, un demi-setier de vin blanc, la moitié d'un citron coupé en tranches; la peau ôtée, ou du verjus en grains, si vous êtes dans le temps, un bouquet garni; sel et quelques racines; faites cuire dedans les oreilles: couvrez les bardes de lard; c'est ce que l'on appelle braise blanche.

Quand elles sont cuites, servez avec une sauce piquante.

Lorsqu'elles sont cuites, vous en faites aussi des menus-droits. Vous pouvez encore les farcir; les tremper dans des œufs battus pour les paner et les servir frites.

De telle façon que vous les mettiez, faites-les toujours cuire à la braise auparavant.

OREILLES DE VEAU AUX POIS.

Entrée. Prenez-en quatre, que vous faites bouillir un moment à l'eau chaude, et les retirez à l'eau fraîche. Quand elles sont bien épluchées, faites-les cuire avec un bouillon clair, un peu de citron ou verjus en grains, sel, poivre, un bouquet de persil, ciboules, clous de girofle, une pointe d'ail, une feuille de laurier. Quand elles sont cuites et blanches, vous les servez avec le ragoût de pois qui suit : prenez un litron et demi de petits pois, que vous passerez sur le feu avec un morceau de beurre, un bouquet de persil et ciboules ; mettez-y une pincée de farine, et mouillez moitié jus et moitié bouillon ; faites cuire à petit feu. Quand ils sont cuits, mettez-y gros comme une noix le sucre, un peu de sel fin : si vous avez du coulis, mettez-en une cuillerée : que votre ragoût ne soit point clair, et servez sur les oreilles de veau.

FRESSURE DE VEAU A LA BOURGEOISE.

Hors-d'œuvre. Prenez la fressure, qui comprend le mou, le cœur et la rate, que vous coupez par morceaux, et faites dégorger dans l'eau froide et blanchir un moment à l'eau bouillante ; mettez-la après dans une casserole avec un morceau de bon beurre, un bouquet garni, passez-la sur le feu, et y mettez une pincée de farine : mouillez après avec du bouillon.

Quand le ragoût est cuit et assaisonné de bon goût, mettez-y une liaison de trois jaunes d'œufs délayés avec un peu de lait ; faites lier sur le feu, et avant de servir, mettez-y un filet de verjus.

FOIE DE VEAU DE DIFFÉRENTES FAÇONS.

Hors-d'œuvre. Il se met communément cuire à la broche, piqué de petit lard : on sert dessous une sauce au petit-maître.

On le fait cuire aussi à la braise comme la langue de bœuf, piqué de gros lardons ; quand il est cuit, vous le servez aussi de la même sauce.

FOIE DE VEAU A L'ÉTUVÉE.

Entrée. Prenez un foie bien blanc ; ôtez-en les nerfs, et le coupez en tranches de l'épaisseur du doigt : mettez fondre du beurre dans une poêle, et faites cuire dedans les morceaux de foie assaisonnés de sel et de poivre. Quand ils sont cuits d'un côté, retournez-les pour faire cuire de l'autre. Vous les retirez après de la poêle, et les mettez cuire avec du beurre, persil, ciboules, échalottes, une

pointe d'ail, le tout haché ; remué dans la poêle : mettez-y
une pincée de farine, et mouillez avec un demi-setier de
vin ; faites bouillir un instant la sauce, et servez avec un
filet de vinaigre.

FOIE DE VEAU A LA BOURGEOISE.

Hors-d'œuvre ou entrée. Coupez par tranches un foie de
veau, et le mettez dans une casserole avec de l'échalotte,
persil, ciboules hachées, un morceau de beurre : passez-
les sur le feu, et y mettez une petite pincée de farine ;
mouillez avec un verre d'eau, autant de vin blanc, sel,
gros poivre : laissez bouillir une demi-heure : délayez trois
jaunes d'œufs avec deux cuillerées de verjus. Quand le
foie est cuit, et qu'il reste peu de sauce, mettez-la liaison ; faites lier sans bouillir et servez.

Vous pouvez encore le mettre d'une autre façon. Après
l'avoir coupé en tranches, vous le mettez dans une poêle
sur le feu avec beaucoup d'échalottes hachées, un morceau de beurre, sel, gros poivre ; faites-le cuire à petit
feu : avant de le servir, vous y mettrez une cuillerée à
bouche de vinaigre.

FOIE DE VEAU A L'ITALIENNE.

Hors-d'œuvre ou entrée. Coupez un foie de veau en filets
fort minces ; ayez du persil, ciboules, champignons, une
demi-gousse d'ail, deux échalottes, le tout haché très-fin ;
une demi-feuille de laurier, thym, basilic, hachés comme
en poudre. Prenez une moyenne casserole ; mettez dans le
fond une couche de filets de foie de veau ; assaisonnez par-
dessus avec du sel, gros poivre, huile fine, un peu de
toutes vos fines herbes. Continuez de cette façon jusqu'à
ce que vous ayez employé tout le foie, en l'assaisonnant
à chaque couche, comme vous avez fait à la première.
Faites-le cuire à petit feu pendant une heure ; retirez-le
de la casserole avec une écumoire ; dégraissez la sauce ;
mettez-y un très-petit morceau de beurre manié de farine, avec une demi-cuillerée à bouche de verjus ou un
filet de vinaigre ; faites lier la sauce sur le feu, en la
tournant avec une cuiller : si elle était trop courte, vous y
ajouteriez un peu de jus. Mettez le foie dans la sauce pour
le faire chauffer ; dressez dans le plat que vous devez
servir.

DE LA FRAISE ET DES PIEDS DE VEAU, MANIÈRE D
LES ACCOMMODER.

Hors-d'œuvre. Ils s'accommodent de la même façon, e
souvent ensemble : la façon la plus commune et la plu
pratiquée est au naturel.

Vous les faites blanchir et cuire dans un blanc de farine, comme il est expliqué ci-devant pour la tête de veau, et servez de même.

FRAISE DE VEAU DE DIFFÉRENTES FAÇONS.

Hors-d'œuvre. Quand elle cuite, comme je viens de l'expliquer, vous pouvez la servir de différentes façons. Si vous voulez la servir frite, dégraissez-la et la coupez par petits bouquets; trempez-la dans une pâte, faites-la frire, et servez garni de persil frit.

Cette pâte se fait en mettant dans une casserole deux poignées de farine, une cuillerée à bouche d'huile, du sel fin; délayez votre pâte avec un demi-setier de vin blanc, jusqu'à ce qu'elle coule de la cuiller sans être claire.

Vous la pouvez aussi servir avec différentes sauces. Quand elle est cuite dans un blanc, dégraissez-la et la coupez par petits bouquets; faites-la bouillir à petit feu dans la sauce où vous la voulez servir; qu'elle soit d'un bon goût et bien dégraissée.

BEIGNETS DE FRAISE DE VEAU.

Hors-d'œuvre. Faites cuire une fraise de veau avec de l'eau, du sel; un bouquet de persil, ciboules, deux gousses d'ail, une feuille de laurier, thym, basilic, trois clous de girofle. Quand elle est cuite, mettez-la égoutter et la dégraissez; coupez-la par petits bouquets, et la mettez mariner une heure avec un peu de beurre, deux cuillerées de vinaigre, persil, ciboules, échalottes, le tout haché, sel, gros poivre. Faites tiédir la marinade; ensuite vous retirerez tous les petits morceaux de fraise et les coulerez à mesure, en faisant tenir les fines herbes après. Quand ils seront froids, trempez-les bien dans de l'œuf battu; panez-les de mie de pain; faites frire d'une belle couleur dorée.

PIEDS DE VEAU DE PLUSIEURS FAÇONS.

Hors-d'œuvre. Les pieds de veau se font cuire de la même façon que la fraise. Si vous voulez les servir dans leur naturel, quand ils sont cuits et égouttés, vous les servez chaudement avec du sel, gros poivre et vinaigre.

Si vous voulez les mettre en fricassée de poulet:

Coupez-les par morceaux après qu'ils sont cuits, et les mettez dans une casserole avec un bon morceau de beurre, des champignons, un bouquet de persil, ciboules, une gousse d'ail, deux échalottes, une feuille de laurier thym, basilic deux clous de girofle; passez-les

3.

sur le feu ; mettez-y une pincée de farine, mouillez avec un verre de vin blanc, autant de bouillon ; assaisonnez de sel, gros poivre ; faites bouillir une demi-heure à petit feu. La sauce étant réduite à moitié, ôtez le bouquet : mettez-y trois jaunes d'œufs délayés avec une cuillerée de vinaigre et autant de bouillon ; faites lier sans bouillir, et servez.

Si vous voulez les servir en menus-droits :

Vous les accommoderez de la même façon que les palais de bœuf.

PIEDS DE VEAU A LA CAMARGO.

Hors-d'œuvre. Prenez quatre pieds de veau, faites-les cuire dans de l'eau ; quand ils sont cuits et bien égouttés, mettez-les dans une casserole avec deux cuillerées de verjus ; un morceau de beurre manié d'une pincée de farine, sel, gros poivre, de l'échalotte hachée, un verre de bouillon ; faites-les mijoter une demi-heure à petit feu. Avant de servir, vous y mettrez un anchoi haché que vous délayerez bien dans la sauce, une pincée de persil blanchi, haché, et si la sauce n'a point assez d'acide, vous y remettez encore un peu de verjus. Servez à courte sauce.

PIEDS DE VEAU A LA SAINTE-MENEHOULD.

Hors-d'œuvre ou entremets. Fendez par le milieu avec le couperet quatre pieds de veau bien échaudées ; ficelez-les, et les mettez dans une marmite avec du bouillon bien gras, une cuillerée de saindoux, un poisson d'eau-de-vie, un bouquet de persil, ciboules, deux gousses d'ail, trois clous de girofle, deux feuilles de laurier, thym, basilic, sel, poivre, une pincée de coriandre : faites-les cuire à petit feu. Lorsqu'ils sont cuits, et qu'il n'y a que peu de sauce, mettez-les refroidir à moitié ; retirez-les pour les paner de mie de pain avec la même graisse ; faites-les griller de belle couleur, et vous les servez pour hors-d'œuvre ou entremets.

PIEDS DE VEAU FRITS.

Entrée. Prenez quatre pieds de veau, que vous fendez en deux ; faites-les cuire dans une eau blanche, qui se fait en délayant 2 cuillerées de farine avec une pinte d'eau et du sel. Quand ils sont cuits, vous les mettez mariner avec un morceau de beurre manié de farine, sel, poivre, vinaigre, ail, échalotte, persil, ciboules, thym, laurier, basilic. Quand ils ont pris du goût suffisamment, vous les retirez de la marinade ; farinez-les et les faites frire. Servez garni de persil frit.

USAGE DES RIS DE VEAU, COMMENT LES ACCOMMOD

Ils entrent dans une infinité de ragoûts. Vous les faites dégorger dans l'eau tiède, et les faites blanchir un demi-quart-d'heure dans l'eau bouillante, et les mettez dans tels ragoûts que vous jugerez à propos. On en sert piqués de petits lard, cuits à la broche, ou en fricandeau et en tourte.

VEAU A LA PÉLUCHE

Hors-d'œuvre ou entremets. Prenez trois ou quatre ris de veau, suivant qu'ils sont gros; faites-les dégorger à l'eau tiède, et les faites blanchir un quart-d'heure à l'eau bouillante. Retirez-les à l'eau fraîche, ôtez le cornet, laissez-les gorges; mettez cuire les ris et les gorges avec un peu de bouillon, un verre de vin blanc, un bouquet de persil, ciboules une demi-gousse d'ail, un clou de girofle, une demi-feuille de laurier et quelques feuilles de basilic, sel, poivre. Lorsqu'ils sont cuits, passez la sauce au tamis; faites-la réduire si elle est trop longue; mettez-y après une demi-cuillerée de verjus, avec gros comme une noix de bon beurre manié d'une pincée de farine; faites lier sur le feu; que la sauce soit d'une consistance comme une crème double; mettez-y une bonne pincée de persil blanchi, haché très-fin; dressez les ris de veau dans le plat et la sauce par-dessus. Servez pour hors-d'œuvre ou pour entremets.

RIS DE VEAU A LA LYONNAISE.

Hors-d'œuvre ou entremets. Faites dégorger et blanchir trois ou quatre ris de veau, prenez une demi livre de lard bien entrelardé, coupez-le en lardons, et le mettez dans une casserole pour le faire suer à petit feu, jusqu'à ce qu'il soit presque cuit; ensuite vous en larderez les ris de veau en travers; mettez-les dans une casserole avec du bon bouillon, un bouquet de persil, ciboules, une demi-gousse d'ail, deux clous de girofle, cinq ou six feuilles d'estragon, point de sel. Faites cuire les ris de veau une demi-heure; passez leur cuisson dans un tamis, et la dégraissez; remettez-la sur le feu pour la réduire en glace, pour en glacer tout le dessus des ris de veau. Mettez un demi-verre de bouillon dans une casserole avec deux cuillerées à bouche de verjus, détachez ce qui reste dans la casserole; ensuite vous y mettez gros comme une noix de bon beurre manié d'une pincée de farine, deux jaunes d'œufs; faites lier sur le feu sans bouillir. Servez dessous les ris de veau pour hors-d'œuvre ou entremets.

RIS DE VEAU AUX FINES HERBES.

Hors-d'œuvre ou entremets. Hachez très-fin un peu de
fenouil, persil, ciboules, une petite pointe d'ail, deux
échalottes: maniez toutes ces fines herbes avec gros comme
la moitié d'un œuf de bon beurre, sel fin, gros poivre.
Faites blanchir trois ou quatre ris de veau; piquez-le
dans plusieurs endroits par-dessus pour y faire entrer le
beurre avec toutes les fines herbes. Mettez les ris dans une
casserole avec quelques bardes de lard par-dessus, un demi verre de vin blanc, autant de bouillon; faites-les
réduire à petit feu, qu'ils ne fassent que mijoter. Quand
ils seront cuits, dégraissez la sauce, qui doit être courte :
servez dessus les ris de veau. Si vous avez une cuillerée
de coulis, vous la mettrez dans la sauce, elle n'en sera que
mieux.

RIS DE VEAU EN CAISSE.

Hors-d'œuvre ou entremets. Prenez deux ris de veau, s'ils
sont gros, ou trois petits; faites-les dégorger à l'eau tiède,
et ensuite blanchir en les faisant bouillir dans de l'eau
pendant un demi-quart-d'heure; retirez-les à l'eau fraîche, ôtez-en le cornet et coupez les ris et la gorge en petites tranches pour les mettre mariner avec de l'huile ou du
lard fondu, persil, ciboules, champignons, une échalotte,
le tout haché, sel, gros poivre. Il faut faire sept ou huit
petites caisses de papier de la longueur de trois doigts;
frottez-les en dessous avec de l'huile; mettez les ris de
veau avec tout leur assaisonnement dans les caisses; mettez les caisses sur le gril avec une feuille de papier huilé
dessous: faites cuire sur un très-petit feu de cendre chaude
pendant une demi-heure; ayez attention que le feu ne
prenne pas au papier, ce que vous empêcherez en battant
un peu le feu avec la pelle, s'il était trop fort. Quand ils
sont cuits, mettez-y légèrement un jus de citron ou un
filet de vinaigre blanc.

RIS DE VEAU EN ESCALOPE.

Hors-d'œuvre ou entremets. On prend deux ris de veau
bien dégorgés dans de l'eau, et ensuite blanchis dans
deux bouillons à l'eau bouillante, bien égouttés; on les
coupe en tranches fort minces, pour les arranger sur un
plat, avec persil, ciboules, échalottes, champignons,
quelques feuilles de basilic, le tout haché très-fin, sel,
gros poivre, huile fine. Un quart-d'heure avant de servir,
on les met sur le feu: cuit d'un côté, on les retourne
pour les achever de cuire. On les sert avec une bonne
sauce et un jus de citron.

RIS DE VEAU EN HATELET.

Hors-d'œuvre ou entremets. Coupez un quarteron de petit lard en petites tranches fines et carrées de la largeur d'un doigt ; faites-les suer dans une casserole sur un petit feu jusqu'à ce qu'elles soient à moitié cuites. Vous avez deux ris de veau dégorgés et blanchis, que vous coupez en dés ; mettez-les dans la casserole avec du petit lard, persil, ciboules, champignons, une échalotte, une pointe d'ail, le tout haché ; passez le tout ensemble sur le feu et y mettez une bonne pincée de farine ; mouillez avec du bouillon ; faites bouillir une demi-heure, jusqu'à ce qu'il n'y ait plus de sauce. Si le petit lard n'a pas assez salé le ragoût, vous y mettrez un peu de sel avec du gros poivre. Ne dégraissez point le ragoût. Quand il est presque cuit, mettez-y quatre jaunes d'œufs crus ; faites lier sur le feu, sans qu'il bouille, et que la sauce soit si épaisse qu'elle s'attache à la viande ; ôtez-le du feu. Étant à moitié refroidi, vous embrochez le tout dans un petit hatelet d'argent ou des petites brochettes de bois ; faites-y tenir toute la sauce ; panez-les à mesure avec de la mie de pain, et les faites griller à petit feu, d'une belle couleur dorée. Servez à sec pour entremets ou pour hors-d'œuvre.

RIS DE VEAU FRITS.

Hors-d'œuvre ou entremets. Ayez deux ris de veau un peu gros ; faites-les dégorger à l'eau tiède pendant une heure et les faites blanchir un quart-d'heure à l'eau bouillante. Retirez-les à l'eau fraîche pour couper chaque morceau en trois. Mettez dans une casserole gros comme la moitié d'un œuf de beurre manié de farine, avec un demi-verre de vinaigre, un grand verre d'eau, trois clous de girofle, une gousse d'ail, deux échalottes, trois ou quatre ciboules, une pincée de persil, une feuille de laurier, thym, basilic, sel, poivre. Faites tiédir la marinade en remuant le beurre jusqu'à ce qu'il soit fondu ; ensuite vous y mettez les ris de veau, et les ôtez du feu pour les laisser mariner une heure et demie ou deux heures. Mettez-les égoutter, essuyez avec un linge, farinez-les, et les faites frire de belle couleur. Lorsqu'ils sont retirés, vous jetez du persil dans la friture pour le faire bien vert et croquant, que vous servez autour du ris. Toutes sortes de marinades se font de même.

RIS DE VEAU EN RAGOUT.

Entremets. Prenez un gros ris de veau que vous faites dégorger et blanchir ; coupez-le en cinq ou six morceaux, et le mettez dans une casserole avec des champignons, un morceau de beurre, un bouquet de persil, ciboules, une demi-feuille de laurier, deux clous de girofle, une demi-gousse d'ail; passez-les sur le feu, et y mettez ensuite une pincée de farine: mouillez avec un verre de bon bouillon et un demi-verre de vin blanc; assaisonnez de sel, gros poivre; faites bouillir à petit feu, une demi-heure; dégraissez-le, et y ajoutez deux bonnes cuillerées de coulis. Ce ragoût vous sert à garnir toutes sortes d'entrées de viandes et des tourtes. Si c'est pour une tourte, il faut faire la sauce un peu plus grande. Ce ragoût vous sert aussi pour entremets: pour lors, il faut du riz, et à la place de coulis, vous y mettez une liaison de trois jaunes d'œufs délayés avec de la crème, et dégraissez moins le ragoût. Faites lier sur le feu, sans qu'il bouille, crainte qu'il ne tourne. Servez à courte sauce, et y ajoutez un petit filet de vinaigre, s'il n'y a point assez d'acide.

DU ROGNON DE VEAU; IL TIENT A LA LONGE.

Quand il est cuit à la broche, on s'en sert à faire des farces. Vous le hachez avec de la graisse, et mettez persil, ciboules, champignons hachés séparément; vous liez cette farce avec des jaunes d'œufs, et l'assaisonnez de bon goût.

Vous vous servez de cette farce à faire des rôties, des tourtes, canelons, et pour les ragoûts où vous avez besoin de farce. Vous en faites aussi des omelettes.

HACHIS DE TOUTES SORTES DE VIANDES.

Hors-d'œuvre. Prenez telle viande de boucherie que vous voudrez, volaille ou gibier cuits à la broche, et même de plusieurs mêlés ensemble, si vous n'en avez pas encore assez d'une même sorte. Hachez-les très-fin; mettez dans une casserole un morceau de beurre, persil, ciboules, deux échalottes hachées très-fin; passez-les sur le feu, et y mettez une pincée de farine; mouillez avec un demi-verre de bouillon et autant de jus, sel, gros poivre. Faites bouillir un quart-d'heure; mettez-y ensuite la viande pour la chauffer, sans qu'elle bouille, de crainte qu'elle ne se racornisse; ou si vous voulez qu'elle bouille, au cas que votre viande soit dure; faites au moins bouillir une heure à très-petit feu: et pour lier la sauce, vous y ajouterez un peu de coulis: si vous n'en avez point, vous y mettrez deux pincées de chapelure de pain bien fine. En servant le hachis, pour la bonne mine, vous y mettrez autour des croûtons de pain frit, comme aux épinards.

LONGE DE VEAU DE PLUSIEURS FAÇONS.

Grosse entrée. La longe de veau se sert pour grosse pièce

de milieu. Faites-la cuire à la broche, enveloppée de papier. Quand elle est bien cuite, servez dessous une poivrade, ou, pour le mieux, si vous voulez, piquez le dessus de petit lard. Servez avec la même sauce, le quasi se prépare de la même façon.

QUASI DE VEAU A LA CRÈME.

Grosse entrée. Mettez dans un vaisseau juste à la grandeur du quasi, une pointe de lait, avec un bon morceau de bon beurre manié de farine, deux gousses d'ail, quatre échalotes, persil, ciboule entière, une feuille de laurier, thym, basilic, quatre clous de girofle, deux oignons en tranches, sel, poivre, faites tiédir cette marinade, et la remuez sur le feu jusqu'à ce que le beurre soit fondu. Otez-la du feu pour y mettre le quasi, et lui faire prendre goût pendant douze heures; ensuite vous l'égoutterez, et, bien essuyé, couvrez-le d'un papier bien beurré. Faites-le cuire à la broche; servez-le avec une sauce piquante de cette façon. Passez sur le feu deux oignons en tranches avec un morceau de beurre : quand il est bien coloré, mettez-y une pincée de farine; mouillez avec du bouillon, deux cuillerées de vinaigre, un verre de coulis, sel, poivre; faites bouillir un quart-d'heure, dégraissez-la et la passez au tamis. Servez dessous le quasi.

La longe et le cuissot se préparent de même, à cette différence qu'il faut larder le dernier de gros lard.

QUASI GLACÉ.

Entrée. Pour le glacer, vous le piquez de petit lard, et le faites cuire de la même façon que le fricandeau à la bourgeoise, que vous trouvez ci-après.

QUASI A LA DAUBE.

Entremets froid. Vous l'assaisonnez et faites cuire comme le dindon à la daube. Toutes sortes de daubes se font de même.

QUASI A L'ÉTOUFFADE.

Entrée ou entremets froid. Faites-le comme la rouelle de veau, entre deux plats. Si vous voulez le servir froid, vous n'y mettez point de coulis, et réduisez la sauce très-courte pour qu'elle se mette en gelée.

ÉPAULE DE VEAU; COMMENT L'ACCOMMODER.

Elle se sert ordinairement cuite à la broche dans son

jus, ou une poivrade liée que vous trouverez à l'article
des Sauces.

ÉPAULE DE VEAU A LA BOURGEOISE.

Grosse entrée. Mettez une épaule de veau dans une terrine avec un demi-setier d'eau ; deux cuillerées de vinaigre, sel, gros poivre, persil, ciboules, deux gousses d'ail,
une feuille de laurier, deux oignons et deux racines coupées en tranches, trois clous de girofle, un morceau de
beurre ; couvrez la terrine avec un couvercle, et bouchez
les bords avec de la farine délayée avec un peu d'eau.
Mettez cuire au four pendant trois heures ; ensuite vous
dégraisserez la sauce pour la passer au tamis. Servez sur
l'épaule.

POITRINE DE VEAU DE DIFFÉRENTES FAÇONS.

Elle se met en fricassée de poulet. Vous la coupez par
morceaux ; que vous faites dégorger dans l'eau et la faites
blanchir. Passez-la sur le feu avec un morceau de beurre,
un bouquet garni, des champignons ; mettez-y une pincée
de farine, et mouillez de bouillon. Quand elle est cuite
et dégraissée, liez-la de trois jaunes d'œufs délayés avec un
peu de lait ; mettez un filet de verjus en servant.
Elle se met aussi aux choux avec petit lard. Vous la coupez par morceaux et la faites blanchir. Faites aussi blanchir
un chou et un morceau de petit lard coupés en tranches,
tenant à la couenne. Vous ficelez après chacun à son particulier, et faites cuire le tout ensemble avec un bon
bouillon : n'y mettez point de sel par rapport au petit lard.
Quand le tout est cuit, vous retirez le chou et la viande,
que vous dressez dans la terrine que vous devez servir.
Dégraissez le bouillon où vous avez fait cuire la viande ;
mettez-y un peu de coulis ; et faites réduire la sauce si elle
est trop longue. Goûtez si elle est de bon goût, et servez
dans la terrine sur la viande.
Vous pouvez aussi la servir en fricandeau ou cuite à la
braise, avec un ragoût de pointes d'asperges. Les tendrons
sont excellens aux petits pois.

TENDRONS DE VEAU AUX PETITS POIS.

Entrée. Vous coupez les petits pois que vous faites blanchir, et mettez dans une casserole avec les petits pois, un
morceau de beurre, un bouquet ; passez-les sur le feu, et
mouillez de bon bouillon : ajoutez-y un peu de coulis.
Quand vous êtes prêt à servir, mettez-y un peu de sel,
et gros comme une noisette de sucre. Servez à courte
sauce.

POITRINE DE VEAU AU ROUX.

Entrée. Prenez une poitrine de veau que vous coupez par morceaux comme la précédente, ou la laissez entière. Vous faites un roux avec un petit morceau de beurre, une cuillerée de farine. Quand il est roux de belle couleur, mettez-y une chopine d'eau ou du bouillon, et ensuite le veau que vous faites cuire à petit feu : assaisonnez de sel, poivre, un bouquet garni, une demi-cuillerée de vinaigre. Quand la viande est cuite, dégraissez la sauce : servez à courte sauce.

Tous les autres morceaux peuvent s'accommoder de même au roux.

Les pigeons au roux se font de la même façon.

TENDRONS DE VEAU AU VERT-PRE.

Entrée. Prenez une poitrine de veau, et en coupez les tendrons en morceaux égaux de la largeur d'un doigt ; faites-les blanchir un moment à l'eau bouillante ; mettez-les dans une casserole avec un morceau de beurre ; un bouquet de persil, ciboules, deux clous de girofle, une demi-feuille de laurier, thym, basilic, une gousse d'ail. Passez-les sur le feu, et y mettez une bonne pincée de farine ; mouillez avec du bouillon, assaisonnez de sel, gros poivre, faites bouillir à petit feu jusqu'à ce que les tendrons soient cuits, et qu'ils ne reste presque plus de sauce. Ne dégraissez qu'à moitié. Prenez deux poignées d'oseille, ôtez-en les queues, lavez-la bien, pressez-la fort pour qu'il ne reste point d'eau ; mettez-la dans un mortier pour la piler très-fin ; ensuite vous la pressez fort pour en tirer au moins un demi-verre de jus : passez-le au tamis, et vous en servez pour délayer trois jaunes d'œufs. Mettez cette liaison dans les tendrons ; faites lier sur le feu sans bouillir, comme une fricassée de poulet. Si la sauce se trouve trop liée, vous y mettez un peu de bouillon.

POITRINE DE VEAU AU BASILIC.

Entrée. Vous la coupez par morceau de la largeur d'un pouce. Faites-la blanchir un moment à l'eau bouillante, et la mettez cuire avec du bouillon, un bouquet de persil, ciboules, une gousse d'ail, un peu de thym, laurier, basilic, deux clous de girofle ; sel, poivre. Quand elle est cuite, faites réduire la sauce jusqu'à ce qu'elle soit partout attachée à la viande. Retirez la viande de la casserole sur une assiette pour la mettre refroidir : ensuite vous trempez chaque morceau dans de l'œuf battu comme une omelette ; panez-les à mesure avec de la mie de pain ; faites-les frire de belle couleur, et servez garni de persil frit.

Vous pouvez faire la même chose avec une poitrine en ragoût qui a déjà été servie, et même les restes d'une fricassée de poulet et de pigeons.

POITRINE FARCIE.

Entrée. Il faut qu'elle soit coupée exprès, c'est-à-dire, que toute la peau tienne après la poitrine : alors vous mettrez entre la peau et les tendrons telle farce de viande que vous jugerez à propos. Cousez la peau pour que la farce ne tombe pas. Vous la ferez cuire à la broche ou à la braise. Servez-la avec telle sauce ou ragoût de légumes que vous voudrez, comme à la farce, aux laitues, aux petits pois, aux cornichons, aux racines, etc.

POITRINE A L'ALLEMANDE.

Entrée. Après l'avoir fait blanchir, vous la mettez cuire entière, avec un peu de bouillon, un demi-verre de vin blanc, un bouquet garni de fines herbes, sel, poivre. Quand elle est cuite, vous la dressez sur le plat, et renversez la peau sur les côtés pour laisser les tendrons à découvert. Versez par-dessus une sauce à l'allemande qui se fait avec un peu de coulis, câpres, anchois, deux foies de volaille cuits, persil blanchi, une échalotte, le tout haché très-fin ; faites bouillir un instant, et y mettez un peu de gros poivre. Si vous voulez une sauce plus simple, prenez la cuisson de la poitrine, que vous dégraissez et passez au tamis ; mettez-y gros comme une noix de bon beurre manié de farine, avec une pincée de persil blanchi et haché : faites lier sur le feu.

TENDRONS DE POITRINE A L'ALLEMANDE.

Entrée. Après les avoir coupés par morceaux, faites-les blanchir un instant à l'eau bouillante, et les mettez après dans une casserole pour les faire cuire de la même façon qu'une fricassée de poulet. Lorsque vous êtes prêt à servir et que la liaison est faite, vous y mettrez une pincée de persil blanchi, haché très-fin.

POITRINE A LA BRAISE.

Entrée. Il faut la faire cuire dans une bonne braise, bien assaisonnée, et vous la servez avec telle sauce ou ragoût que vous jugez à propos.

POITRINE AU COULIS DE LENTILLES OU COULIS DE POIS.

Entrée. Coupez une poitrine de veau par morceaux de la longueur d'un doigt : faites-la blanchir et cuire avec du bon bouillon, une demi-livre de petit lard coupé en tranches, un bouquet de fines herbes, une gousse d'ail, peu de sel. Pendant qu'elle cuit, vous faites aussi cuire un demi-litron de lentilles ou de pois secs avec de l'eau ou du bouillon. Quand ils sont cuits, vous les passez en purée au travers d'une étamine. Si c'est une purée de pois, avant de la passer, vous aurez une poignée d'épinards cuits à l'eau, pressés et pilés, que vous mettrez dans les pois pour que la purée soit verte, et les passerez ensuite, en la mouillant avec la cuisson des tendrons, pour donner du corps à la purée, après vous mettrez les tendrons et le petit lard dans la purée; faites réduire sur le feu si la purée était trop claire. Servez dans une tourtière.

DU COLLET DE VEAU OU CARRÉ.

Entrée. Le collet de veau ou carré se met de bien des façons. Vous le coupez par côtes et ôtez les os d'en bas; il faut laisser les côtes. Vous le servez cuit sur le gril comme les côtelettes de mouton.

CÔTELETTES DE VEAU A LA POÊLE.

Entrée. Il faut couper le collet par côtes, ôter les os, et ne laisser que la côte.

Mettez-les dans une casserole, avec du lard fondu, persil, ciboules, un peu de truffes, sel, poivre; le tout haché très-fin, une tranche de citron. La peau ôtée, couvrez avec des bardes de lard : faites-les cuire à petit feu sur de la cendre chaude. Quand elles sont cuites, ôtez-les de la casserole, essuyez-les de leur graisse, et les dressez dans le plat que vous devez servir. Otez la tranche de citron qui est dans la casserole, et mettez dedans un peu de coulis. Dégraissez la sauce; mettez-la sur le feu, et la servez dessus les côtelettes.

Vous pouvez faire plusieurs entrées à la poêle de cette façon.

CÔTELETTES DE VEAU A LA GUYENNE.

Entrée. Coupez un carré de veau en côtelettes un peu épaisses : il faut les parer, en ôtant les os d'en bas, et ne laisser que la côte. On les larde de filets d'anchois, de jambon et de cornichons, pour les faire cuire entre deux. Lardes avec un demi-verre de vin blanc, autant de bouillon sans sel, un bouquet de persil, ciboules, deux échalotes, trois ou quatre feuilles de basilic. La cuisson faite on prend le fond de la sauce, sans la dégraisser, que l'on délaie avec trois jaunes d'œufs: on la fait lier sur le feu comme pour une fricassée de poulet, pour la servir sur les côtelettes.

COTELETTES DE VEAU A-LA MARMOTTE.

Entrée. On coupe les côtelettes fort épaisses, bien appro-
priées, lardées d'anchois et de lard. On les arrange dans
une casserole avec quatre ou cinq gros oignons entières,
un bouquet de persil, ciboules, une demi-feuille de laurier, basilic, deux clous de girofle, douze grains de coriandre ; on les fait bouillir à très-petit feu dans leur jus
avec deux cuillerées à bouche d'eau-de-vie. La cuisson
faite, on les sert avec les oignons et le fond de la
sauce.

COTELETTES DE VEAU A LA CUISINIÈRE.

Entrée. Coupez un carré de veau en côtelettes et les appropriez ; mettez dans le fond d'une casserole un quarteron
de petit lard coupé en tranches, un peu de beurre ; et les
côtelettes dessus : faites-les cuire à petit feu dans leur jus,
en les retournant souvent. Lorsqu'elles sont cuites, vous
les dressez dans le plat que vous devez servir, les morceaux
de petit lard dessus. Mettez dans la casserole de leur cuisson une liaison de trois jaunes d'œufs avec du bouillon,
du persil blanchi haché, une échalotte hachée ; détachez
tout ce qui peut tenir à la casserole ; faites lier sur le feu,
et y mettez après un filet de vinaigre ; un peu de gros
poivre. Servez sur les côtelettes. Vous y mettrez un peu de
sel s'il en est besoin, et si le petit lard n'est point assez
salé.

COTELETTES DE VEAU AU VERT-PRÉ.

Entrée. Mettez des côtelettes de veau dans une casserole
avec un morceau de beurre, un bouquet de persil, ciboules, une demi-gousse d'ail, deux clous de girofle, une feuille
de laurier, passez-les sur le feu, et y mettez une pincée
de farine ; mouillez avec du bouillon, un verre de vin
blanc ; assaisonnez de sel, gros poivre : faites cuire à
petit feu, et dégraissez la cuisson. Faites réduire à courte
sauce ; mettez-y gros comme un doigt de bon beurre manié
de farine, avec une bonne pincée de cerfeuil blanchi,
haché de deux ou trois coups de couteau, faites lier la
sauce. En servant, mettez-y un jus de citron ou un filet
de vinaigre.

COTELETTES DE VEAU GRILLÉES.

Hors-d'œuvre ou entremets. Coupez un carré de veau en
côtelettes, et les parez proprement sans être trop longues ;
mettez-les mariner une heure, avec sel, gros poivre,
champignons, persil, ciboules, une petite pointe d'ail,

du beurre un peu chaud, ensuite vous faites tenir sa marinade après les côtelettes, en les panant avec de la mie de pain : mettez-les griller à petit feu, en les arrosant avec le restant de la marinade. Quand elles sont cuites de belle couleur, servez dessus une sauce de jus clair avec deux cuillerées de verjus, sel, gros poivre : vous pouvez encore les servir sans sauce.

CÔTELETTES DE VEAU AU PETIT LARD

Entrée. Prenez un quarteron de petit lard bien entrelardé ; coupez-le par tranche, et le mettez dans une casserole avec un morceau de beurre gros comme la moitié d'un œuf, faites un peu rissoler le lard, et mettez-y les côtelettes de veau pour les y faire cuire, en les y rissolant a petit feu avec le beurre. Ayez soin de les retourner de temps en temps jusqu'à ce qu'elles soient cuites ; ôtez-les de la casserole avec le petit lard pour le mettre sur une assiette ; ôtez la moitié de la graisse, et mettez dans la casserole deux échalottes, une pincée de persil haché, peu de sel, gros poivre : mouillez avec un demi-verre de vin blanc et autant de bouillon ou de l'eau ; faites bouillir et réduire a moitié ; remettez les côtelettes avec le petit lard, et une liaison de trois jaunes d'œufs délayés avec deux cuillerées de bouillon : faites lier sur le feu sans bouillir. En servant, mettez-y un filet de vinaigre.

CÔTELETTES EN PAPILLOTES.

Hors-d'œuvre ou entrée. Coupez les côtelettes un peu minces, et les mettez dans des carrés de papier blanc, avec sel, poivre, persil, ciboules, champignons, échalottes, le tout haché très-fin, avec de l'huile ou du beurre, tortillez le papier autour de la côtelette, et laissez sortir le bout : beurrez le papier en dehors ; faites les cuire a petit feu sur le gril, après avoir mis une feuille de papier beurré dessous les côtelettes. Servez avec le papier qui les enveloppe.

CARRE DE VEAU A LA BOURGEOISE.

Hors-d'œuvre ou entremets. Coupez une demi-livre de lard en lardons, et les mêlez avec persil, ciboules, une petite pointe d'ail, une feuille de laurier, thym, basilic, le tout haché comme en poudre, sel, gros poivre ; lardez avec tout le filet d'un carré de veau, après avoir coupé les os qui sont au bas du filet ; mettez-les dans une terrine ou petite marmite avec une barde de lard dans le fond ; quelques tranches d'oignons, zestes de carottes, et panais ; faites-le suer une demi-heure sur un petit feu ; ensuite vous le mouillerez avec un verre de bouillon, trois cuillerées a

bouche d'eau-de-vie : faites-le cuire à petit feu. La cuisson
faite et la sauce courte, dégraissez-la pour la servir sur le
carré. Si vous voulez servir ce carré froid en façon de bœuf
la mode, dressez sur le plat la sauce par-dessus sans la
dégraisser : mettez refroidir. Vous pouvez servir de la même
façon des côtelettes de veau.

CARRÉ DE VEAU A LA BROCHE, AUX FINES HERBES.

Entrée. Lardez tout le filet d'un carré de veau ; après
l'avoir paré proprement, mettez-le dans une terrine pour
le faire mariner trois heures, avec persil, ciboules, un
peu de fenouil, champignons, une feuille de laurier,
thym, basilic, deux échalottes, le tout haché très-fin ;
sel, gros poivre, muscade râpée, et un peu d'huile. Quand
il aura pris goût, embrochez le carré : mettez par-dessus
tout son assaisonnement, et l'enveloppez de deux
feuilles de papier blanc bien beurré ; ficelez-le de façon
que les petites bardes ne puissent point sortir : faites-le
cuire à petit feu. La cuisson faite, ôtez le papier ; enlevez
avec le couteau toutes les petites herbes qui tiennent après
le papier et la viande ; pour les mettre dans une casserole
avec un peu de jus, deux cuillerées de verjus, gros comme
une noix de beurre manié avec une pincée de farine ;
un peu de sel, gros poivre ; faites lier sur le feu pour
servir dessous le carré. Avant de lier la sauce, il faut
faire fondre un peu de beurre, et y mêler un jaune d'œuf
pour en frotter le dessus du carré, et le paner de mie de
pain : faites prendre une belle couleur. Vous pouvez encore le servir sans être pané si vous êtes indifférent pour
la bonne mine.

COULIS BOURGEOIS ET AUTRES.

Pour faire les coulis bourgeois, mettez dans le fond d'une
casserole de petits morceaux de lard et de la rouelle de
veau suffisamment, suivant la quantité que vous voulez
tirer de coulis.

Pour le faire bon, mettez une livre pour demi-setier ;
vous vous réglerez là-dessus : mettez après deux ou trois
oignons, autant de racines ; mettez la casserole bien couverte sur un petit feu, pour que la viande ait le temps de
jeter son jus : faites-la aller ensuite à plus grand feu, jusqu'à ce que la viande soit prête à s'attacher : pour lors
vous la faites aller à petit feu pour que la viande s'attache
doucement dans la casserole et vous fasse un beau gratin.
Vous retirez ensuite votre viande et vos légumes sur une
assiette, et mettez dans la casserole un morceau de beurre
et de farine, suivant la quantité que vous voulez tirer du
coulis, plein une cuiller à bouche pour demi-setier.

Tournez sur le feu jusqu'à ce que le roux soit beau, et vous mouillez ensuite avec du bouillon chaud. Vous remettrez dedans la viande que vous avez tirée, pour la faire cuire encore deux heures à très-petit feu : dégraissez souvent le coulis. Quand il sera fini, vous le passerez à l'étamine ou dans un tamis, pour vous en servir à tout ce que vous jugerez à propos.

Pour que votre coulis soit bien fait, il doit être d'une belle couleur cannelle, ni trop clair, ni trop épais, et qu'il ne sente point l'attache : c'est à quoi il faut s'appliquer, parce qu'un coulis manqué fera que vous n'aurez pas l'honneur de votre repas.

Voilà la façon de toutes sortes de coulis que vous voudrez faire ; il n'y a que le changement de viande que vous mettez dedans qui en change le nom ; mais tel coulis que vous tirerez, il faut toujours du veau avec.

Vous faites aussi du jus de veau en mettant dans le fond d'une casserole un peu de lard, quelques tranches d'oignons et des morceaux de veau minces par-dessus, que vous faites suer à très-petit feu, et attacher ensuite sans brûler ; vous mouillez avec du bouillon. Faites-le bouillir une demi-heure ; ensuite vous le passerez au tamis, et vous vous en servirez à ce que vous jugerez à propos.

ROUELLE DE VEAU A LA COUENNE

Entrée. Prenez de la rouelle de veau, que vous coupez par morceaux en tranches, et les piquez de lard ; assaisonnez de sel, gros poivre, persil, ciboules, échalottes, une pointe d'ail, le tout haché. Prenez de la couenne de lard nouveau qui ne sente rien ; coupez-la par morceaux : mettez dans une terrine un lit de tranches de veau et un lit de couenne ; continuez jusqu'à la fin : mettez ensuite un demi-verre d'eau et autant d'eau-de-vie : faites cuire sur des cendres chaudes quatre ou cinq heures, et servez comme du bœuf à la mode.

ROUELLE DE VEAU A LA CRÈME.

Hors-d'œuvre. Prenez de la rouelle de veau que vous coupez en plusieurs morceaux de la grosseur de la moitié d'un œuf ; lardez chaque morceau en travers avec du gros lard ; assaisonnez de sel, fines épices, persil, ciboules, champignons, le tout haché. Mettez-les dans une casserole avec un peu de beurre : passez-les sur le feu, y mettez une bonne pincée de farine mouillée avec du bouillon et un verre de vin blanc : faites cuire et réduire à courte sauce. En servant, mettez-y une liaison de trois jaunes d'œufs avec de la crème : faites lier sans bouillir

PAIN DE VEAU.

Entrée. Prenez une livre de rouelle de veau, autant de graisse de bœuf que vous hacherez ensemble ; mettez-y persil, ciboules, échalottes, le tout haché, sel, poivre, deux œufs crus entiers, un poisson de crême. Foncez une poupetonnière avec des bardes de lard ; mettez votre farce dedans. Si vous avez un ragoût de viande ou de légumes qui soit cuit et refroidi, vous pouvez le mettre dans le milieu de la farce ; couvrez de bardes de lard et faites cuire au four. Quand il est cuit, retirez-le doucement de la poupetonnière pour ne pas le rompre : faites un trou dans le milieu pour y mettre une bonne sauce claire et un peu piquante.

ROUELLE DE VEAU ENTRE DEUX PLATS.

Entrée. Vous prenez un morceau de rouelle de veau, le plus épais que vous pouvez pour faire un bon plat : lardez-le de gros lard, ayez persil, ciboules, champignons, une pointe d'ail, le tout haché, sel, poivre. Mettez le veau dans une casserole bien couverte ; faites-le cuire dans son jus avec un oignon, deux racines. Quand il est cuit à très-petit feu, dégraissez le peu de sauce qu'il a rendu et la servez sur votre morceau de veau. Si vous avez du coulis vous pouvez en mettre dans la sauce, elle n'en sera que meilleure.

FRICANDEAU DE VEAU A LA BOURGEOISE.

Entrée. Prenez une tranche de rouelle de veau épaisse de deux doigts, que vous piquez par-dessus avec du petit lard ; faites-la blanchir un moment dans l'eau bouillante, et la mettez après cuire avec du bouillon, un bouquet garni. Quand elle est cuite, retirez-la de la casserole pour bien dégraisser la sauce ; passez la sauce dans une autre casserole avec un tamis : vous la ferez réduire sur le feu jusqu'à ce qu'il n'y en ait presque plus. Vous y mettrez après votre fricandeau pour le glacer. Quand il sera bien glacé du côté du lard, dressez-le sur le plat que vous devez servir. Détachez sur le feu ce qui est dans la casserole, en mettant un peu de coulis et très-peu de bouillon ; goûtez si cette sauce est de bon goût ; et servez dessous le fricandeau.

Toutes sortes de fricandeaux se font de même.

NOIX DE VEAU AUX TRUFFES A LA BONNE FEMME.

Entrée. Prenez trois noix de veau, que vous unissez en dant légèrement la viande qui emporte la bonne mine.

Il faut les larder partout avec des lardons de lard et de truffes, tous les deux maniés ensemble avec du sel fin, persil, ciboules et truffes hachées. Faites-les cuire avec bon bouillon.

Quand elles sont cuites et la sauce bien dégraissée, mettez-y deux cuillerées de coulis; faites réduire la sauce, qu'elle ne soit ni trop courte ni trop longue, et la servez sur les noix de veau.

PAUPIETTES.

Hors-d'œuvre ou entrée. Vous coupez des tranches de veau de la largeur de deux doigts, et longues au moins de trois; vous les applatissez avec le couperet pour qu'elles ne soient pas plus épaisses qu'un petit écu. Mettez sur chaque tranche de la farce de telle viande que vous voudrez, ou bien un godiveau, que vous faites avec un peu de rouelle de veau, autant de graisse de bœuf, un peu de persil, ciboules, une échalotte. Lorsque le tout est haché très-fin, vous y mettez deux jaunes d'œufs, une demi-cuillerée à bouche d'eau-de-vie, sel, poivre. Etendez-la sur les paupiettes, et les roulez; mettez sur chaque paupiette une barde de lard, et les ficelez; faites-les cuire à la broche enveloppées de papier. Quand elles seront cuites, panez le dessus des bardes, et leur faites prendre une belle couleur dorée avec un feu clair. Servez une sauce d'un jus clair, assaisonnée d'un bon goût.

PAUPIETTES A LA BRAISE.

Hors-d'œuvre ou entrée. Faites vos paupiettes de la même façon que les précédentes, à cette différence qu'au lieu de mettre vos bardes de lard dessus, vous le mettrez dans le fond d'une casserole. Arrangez vos paupiettes sur les bardes; faites-les cuire à très-petit feu avec un demi-verre de vin blanc et autant de bouillon, un peu de sel, gros poivre. La cuisson faite, dressez-les dans le plat, que vous devez servir; dégraissez la sauce de leur cuisson; passez-la au tamis, et la servez dessus.

BREZOLLES.

Hors-d'œuvre ou entrée. Coupez de la rouelle de veau le plus mince que vous pourrez de la longueur d'un doigt, et suffisamment pour garnir le plat que vous devez servir. Ayez du persil, ciboules, échalottes, hachés très-fin; prenez une casserole; mettez dans le fond un peu d'huile ou du beurre avec de fines herbes hachées, sel, gros poivre. Arrangez dessus un lit de rouelle de veau mince; après vous recommencerez à mettre de fines herbes, du beurre ou d

l'huile, sel, gros poivre. Remettez de la rouelle de veau
dessus, et continuez de cette façon jusqu'à définition.
Garnissez le dessus avec des bardes de lard, ou une
feuille de papier blanc; couvrez la casserole; faites cuire
à très-petit feu sur la cendre chaude pendant une heure
et demie. A moitié de la cuisson, vous mettez un demi-
verre de vin blanc. Quand elles seront cuites, vous les
servirez dans le fond de leur sauce bien dégraissée.

NOIX DE VEAU A LA CHANTILLY.

Hors-d'œuvre ou entrée. Elles se font en coupant de la
rouelle de veau de la même façon que pour les paupiettes,
à cette différence qu'il ne faut point de farce. Vous les
assaisonnez d'huile, sel, gros poivre, persil, ciboules,
échalottes, champignons, le tout haché. Roulez-les, et
les enfilez dans un hatelet; faites-les cuire à la broche.
Vous les servirez avec une sauce claire assaisonnée de bon
goût.

DE LA MOELLE DITE AMOURETTE.

Entrée. La moelle qu'on appelle amourette, se sert marinée et frite pour entremets. Voyez *Cervelles de bœuf frite.*

QUEUES DE VEAU DE PLUSIEURS FAÇONS

Entrée. Elles se servent en hochepot comme la queue de
bœuf, avec cette seule différence qu'il faut mettre les légumes en même temps que la viande, parce que le veau
n'est pas dur à cuire.

Les queues de veau se mettent aussi, étant cuites, à la
braise, comme la langue de bœuf, avec différens ragoûts
de légumes.

QUEUES DE VEAU A LA SAINTE-MENEHOULD.

Hors-d'œuvre ou entrée. Prenez trois queues de veau vous
coupez en deux; faites-les blanchir un instant à l'eau
bouillante; mettez-les dans une petite marmite avec du
bouillon bien gras, un bouquet de persil, ciboules, une
gousse d'ail, trois clous de girofle, 2 échalottes, une feuille
de laurier, thym, basilic, sel, poivre, une carotte, un
panais. Faites bouillir jusqu'à ce qu'elles soient cuites, et
qu'il reste très-peu de sauce. Retirez-les pour les refroidir;
passez la sauce dans un tamis clair, pour que la sauce
passe avec: il faut qu'il n'en reste qu'environ un bon demi-
verre. Mettez dans une casserole avec trois jaunes d'œufs
délayés avec une bonne pincée de farine; faites-la lier sur
le feu, qu'elle soit un peu épaisse; ensuite vous y trempez
les queues de veau, et les panez à mesure avec de la mie

de pain. Mettez-les sur le plat que vous devez servir, et leur faites prendre couleur dessous un couvercle de tourtière: servez-les avec une sauce piquante comme la première, que vous trouverez à l'article des Sauces

Préparées de cette façon, vous pouvez les faire griller, et les servir avec la même sauce.

QUEUES DE VEAU AU CHOUX ET AU PETIT LARD.

Entrée. Prenez deux queues de veau que vous coupez en deux, faites-les blanchir un instant avec une demi-livre de petit lard coupé en tranches tenant à la couenne: après vous ferez aussi blanchir la moitié d'un gros chou coupé en quatre morceaux. Quand il aura blanchi un quart-d'heure retirez-le à l'eau fraîche, et le pressez bien. Ôtez les trognons et le ficelez; ficelez aussi les queues avec le petit lard; mettez le tout dans une petite marmite: ajoutez-y un bouquet de persil, ciboules, une demi-gousse d'ail, trois clous de girofle, un petit morceau de muscade; mouillez avec du bouillon, un peu de sel, gros poivre. Faites bouillir à petit feu, jusqu'à ce que les queues soient cuites; retirez le tout de la marmite pour l'égoutter et essuyer desagraisse: dressez les queues entremêlées de choux et de petit lard Mettez par-dessus du coulis, ce qu'il faut pour une sauce, dans une casserole avec un peu de beurre, peu de sel et gros poivre; faites lier sur le feu; versez sur les choux et la viande. Si vous n'avez point de coulis, prenez un peu de la cuisson des choux que vous passez au tamis, et bien dégraissée: mettez dans une casserole avec un peu de beurre manié de farine: faites lier sur le feu. Si vous voulez servir dans une terrine, il faut que la sauce soit plus grande.

CASSEROLE.

Entrée. Faites cuire aux trois quarts une demi-livre de riz dans une petite marmite avec du bouillon, du lard fondu. Quand il est presque cuit, bien épais et fort gras, mettez-en de l'épaisseur de deux écus dans le fond du plat que vous devez servir, qui doit être d'argent ou d'une faïence qui aille au feu. Mettez sur le riz telle viande que vous jugerez à propos, ou même plusieurs mêlées ensemble. Il faut qu'elles soient cuites dans une bonne braise, et assaisonnées de bon goût. Couvrez tout le dessus avec du riz, de façon que l'on ne voit point la viande. Unissez avec un couteau: mettez votre plat sur de la cendre chaude; couvrez avec un couvercle de tourtière, un bon feu dessus; vous le laisserez jusqu'à ce que le riz soit d'une belle couleur dorée. Avant de servir, penchez le plat pour ôter la graisse qu'il peut y avoir, et servez à sec; ou si vous voulez, vous pouvez y mettre une petite sauce dans le fond; vous pouvez encore servir de cette façon toutes sortes de ragoûts qui vous ont déjà servi, pourvu que la sauce en soit très-courte.

CHAPITRE VI.

DU COCHON ET DE SON UTILITÉ.

Le cochon est d'un goût fort agréable. On ne saurait travailler la cuisine à son point sans en faire usage; cependant j'en userai peu, parce que sa chair est nourrissante, difficile à digérer, et lâche le ventre.

Comme tout sert dans le cochon, j'en ferai un petit abrégé, pour contenter ceux qui n'en craignent pas la nourriture.

DE LA TÊTE DE COCHON.

Gros entremets. Elle se met en hure de sanglier.

Faites-la brûler à un feu clair sur le fourneau bien ardent, et la frottez à force de bras avec une brique, et ensuite avec un couteau.

Après qu'elle est nettoyée, désossez-la à moitié, sans en ôter la peau; piquez-la en dedans avec du gros lard; assaisonnez de sel, épices mêlées, persil, ciboules, champignons, ail, le tout haché.

Enveloppez-la avec un linge blanc: ficelez-la et la faites cuire dans une bonne braise faite avec du bouillon, vin rouge, un gros bouquet garni, oignons, racines, sel et poivre.

Quand elle est cuite, laissez-la refroidir dans sa braise, et la conservez sur une assiette, pour entremets du milieu.

FROMAGE DE COCHON.

Gros entremets froid. Prenez une tête de cochon bien nettoyée; désossez-la à forfait: levez toute la chair et le lard sans couper la couenne, en filets très-minces; faites en autant du lard: mettez le maigre à part sur un plat bien étendu, et le gras dans un autre. Coupez les oreilles aussi en filets: assaisonnez le tout des deux côtés avec du sel fin, du gros poivre, thym, laurier, basilic, six clous de girofle, deux pincées de coriandre, la moitié d'une muscade, le tout haché très-fin, deux gousses d'ail, quatre échalottes, aussi hachées, une demi-poignée de persil en feuilles entières. Mettez la peau de la hure dans une casserole ronde; arrangez tous vos filets de viande en mettant un lit de viande, et quelques tranches de jambon, si vous en avez, des feuilles de persil arrangées proprement, continuez de cette façon jusqu'à la fin. Vous coudrez la couenne en la plissant comme une bourse : enveloppez-la d'un torchon blanc, que vous serrerez fort avec de la ficelle. Mettez ce fromage dans une marmite juste à sa grandeur, pour le faire cuire pendant six ou sept heures avec du bouillon, une pinte de vin blanc, de l'oignon, racines, thym, laurier, basilic, une gousse d'ail, sel, poivre. Lorsqu'il sera cuit, vous l'égoutterez, et le mettrez dans un vaisseau juste à sa grandeur et bien rond. Couvrez-le avec un couvercle et un poids très-lourd dessus, pour lui faire prendre la forme que vous voulez, jusqu'à ce qu'il soit froid : vous le servirez pour gros entremets.

DES OREILLES, DE LA LANGUE ET DES PIEDS DE COCHON.

Entremets. Les oreilles se font cuire à la braise, qui se fait comme celle pour la tête. Quand elles sont cuites, il faut les paner et les faire griller : servez-les à sec. L'on en fait aussi des menus-droits. Voyez *Palais de bœuf en menus-droits*, et les faites de même. Elles sont encore bonnes salées et fumées. La langue se met à la braise avec des sauces piquantes, et pour le mieux elle se mange salée et fumée. Les pieds s'accommodent comme les oreilles.

DES FRESSURES, PANNE, CRÉPINE ET BOYAUX.

Les boyaux servent à faire toutes sortes de boudins, andouilles et saucisses.

La fressure peut s'accommoder de la même manière que la fressure de veau.

La panne sert à faire des saindoux, des saucisses, et beaucoup de différentes farces.

La crépine est utile pour faire des ventres en crépine. Pour le lard, on ne peut s'en passer à la cuisine.

DES JAMBONS, MANIÈRES DE LES ACCOMMODER.

La cuisse et l'épaule se mettent en jambons : il faut les saler et fumer.

Pour cet effet, vous faites une saumure avec du sel et du salpêtre et toutes sortes d'herbes odoriférantes, comme thym, laurier, basilic, baume, marjolaine, sariettes, genièvre, que vous mouillez avec moitié eau et moitié lie de vin. Laissez infuser toutes ces herbes dans la sauce pendant vingt-quatre heures; ensuite vous la passerez au clair, et mettrez tremper les jambons dedans pendant quinze jours. Au bout de ce temps, vous les tirerez de la sauce pour les faire égoutter; après les avoir bien essuyé, vous les mettrez fumer à la cheminée.

Quand ils seront secs ; pour les conserver, vous les frotterez avec de la lie de vin et du vinaigre, et mettrez par-dessus de la cendre.

GROS ENTREMETS.

Lorsque vous voulez les faire cuire, vous en ôtez le mauvais, sans rien toucher à la couenne. Faites-les desaler dans de l'eau deux ou trois jours, suivant qu'ils sont nouveaux, et que vous les jugez assez dessalés : enveloppez-les d'un torchon blanc, et les mettez dans une marmite pas plus large que le jambon. Mettez-y deux pintes d'eau et autant de vin rouge, racines, oignons, un gros bouquet garni de toutes sortes de fines herbes ; faites cuire votre jambon pendant cinq ou six heures à très-petit feu.

Quand il est cuit, laissez-le refroidir dans la cuisson, vous le retirez ensuite, et enlevez doucement la couenne sans ôter la graisse. Mettez par-dessus la graisse du persil haché avec un peu de poivre, et après de la chapelure de pain : passez dessous la pelle rouge, pour que la chapelure s'imbibe un peu dans la graisse, et prenne une belle couleur.

Servez froid sur une serviette pour gros entremets.

Quand les jambons sont nouveaux et petits, vous pouvez les faire cuire à la broche et les servir chauds ou froids pour entremets. Faites attention qu'ils soient beaucoup plus dessalés pour la broche que pour la braise.

DE LA POITRINE, ÉCHINÉE ET CARRÉ DE COCHON.

Gros entremets. La poitrine se met en petit-salet ; le filet, le carré et l'échinée se mettent en côtelettes ou à la broche, avec une sauce à la moutarde, ou ragoûts de petits oignons.

COTELETTES DE PORC FRAIS EN RAGOUT.

Entrée. Coupez en côtelettes un carré de porc frais ; mettez-les cuire avec un peu de bouillon, un bouquet garni, peu de sel et du poivre. Ayez un riz de veau que vous faites blanchir, coupez-le en gros dés ; mettez-les dans une casserole avec des champignons, quelques foies de volaille, un peu de beurre. Passez-les sur le feu : mettez-y une bonne pincée de farine ; mouillez, moitié bouillon, un verre de vin blanc, du jus ce qu'il faut pour colorer le ragoût, sel, gros poivre, un bouquet de persil, ciboules, une demi-gousse d'ail, deux clous de girofle. Laissez cuire et réduire à courte sauce. Servez sur les côtelettes. Vous pouvez encore passer les côtelettes de la même façon que le ragoût ; et quand elles sont cuites à plus de moitié ; vous y mettez le riz , les fois et les champignons , avec le même assaisonnement.

MANIÈRE DE FAIRE LE PETIT-SALÉ DE COCHON.

Toutes les parties de cochon sont bonnes pour faire du petit-salé : le filet est estimé le meilleur. Vous coupez les morceaux de la grosseur que vous voulez, et prenez du sel pilé. Sur quinze livres, mettez une livre de sel ; frottez votre viande partout ; mettez-la à mesure dans un vaisseau. Quand il est plein , bouchez-le bien , crainte qu'il ne prenne l'évent ; vous pouvez vous en servir au bout de cinq ou six jours. Si vous voulez la garder long-temps , vous y mettrez un peu de sel. Observez que plus le salé est nouveau , meilleur il est. Vous vous en servez ensuite , soit pour manger avec de la purée de pois, ou un ragoût de choux , ragoût de légumes ; purée de lentilles , purée de navets. De telle façon que vous le mettiez , ne mettez point de sel dans le ragoût que vous destinez manger avec ; et si votre salé avait pris trop de sel , faites-le tremper dans de l'eau tiède avant de le faire cuire , jusqu'à ce qu'il soit au degré de sel que vous lui voulez.

MANIÈRE DE FAIRE LE LARD ET LE SAINDOUX.

Prenez le lard de dessus le porc : ne laissez de chair que le moins que vous pourrez : arrangez-le sur des planches dans la cave , et mettez une livre de sel pilé sur dix livres de lard. Après l'avoir frotté de sel partout, vous le mettrez l'un sur l'autre chair contre chair. Mettez des planches sur le lard et des pierres sur des planches pour les charger, afin que le lard en soit plus ferme : vous le laissez au moins quinze jours dans le sel, et le suspendez ensuite dans un endroit sec pour le faire sécher.

Le saindoux se fait après avoir épluché la panne, c'est-à-dire, ôté les peaux qui s'y trouvent. Coupez la panne par petits morceaux ; mettez-la dans un chaudron avec un demi-setier d'eau, un oignon piqué de clous de girofle ; faites-la fondre à très-petit feu, jusqu'à ce que les grilleaux , qui ne fondent point, commencent à se colorer. Pour lors, vous le retirerez du feu, et le laisserez refroidir à moitié : vous le passerez ensuite dans des vaisseaux de terre, que vous exposerez au froid.

BOUDIN DE COCHON ET DE SANGLIER.

Hors-d'œuvre. Prenez de l'oignon que vous hachez, et le faites cuire avec un peu d'eau et de la panne. Quand il est bien cuit et qu'il ne reste que de la graisse , vous prenez de la panne que vous coupez en dés : mettez dans la casserole où est votre oignon, avec du sang et le quart de crème. Assaisonnez de sel fin, épices mêlées ; maniez le tout ensemble, et l'entonnez dans des boyaux que vous aurez coupés auparavant de la longueur que vous voulez faire les boudins. Ne les emplissez point trop, crainte qu'ils ne crèvent en cuisant. Ficelez les deux bouts de chaque boyaux ; vous les faites ensuite cuire dans l'eau bouillante : il faut un quart-d'heure pour les cuire. Pour voir s'ils sont cuits vous en tirerez un avec une écumoire et le piquerez avec une épingle. Si le sang ne sort plus, et que ce soit de la graisse ; c'est une preuve qu'ils sont cuits : mettez-les ensuite refroidir, pour les faire griller quand vous voudrez les servir.

BOUDIN DE CE QUE L'ON VEUT.

Hors-d'œuvre. L'on prend de la viande cuite à la broche ; après l'avoir hachée très-fine, on la mêle avec du sang de cochon, de la panne coupée en petit dés ; un peu de crème, sel, fines épices, persil, ciboules, un peu de basilic, le tout haché très-fin. On met cette composition dans des boyaux, en ne les remplissant qu'aux trois quarts. Bien liés par les deux bouts, on les met dans l'eau bouillante faire quelques bouillons. Pour connaître s'ils sont cuits, on les pique avec une épingle : s'il en sort de la graisse, on les retire. Étant froids, on les fait griller.

DE LA FAÇON D'ACCOMMODER LE SANG DE VEAU, DE COCHON, D'AGNEAU, SANS FAIRE DE BOUDIN.

Hors-d'œuvre. Vous prenez de l'oignon, que vous coupez en petits dés, et que vous faites cuire dans une casserole sur le fourneau, ou dans une poêle sur le feu, avec du beurre ou du saindoux. Tenez votre oignon fort gras. Quand il est cuit, mettez-y le sang : remuez doucement sur le feu, comme vous feriez des œufs brouillés : assaisonnez-le de sel et de poivre. Si cette façon n'est point si appétissante que le boudin, le goût en est le même ; et se trouve fait dans le moment, sans dépense.

BOUDIN BLANC A LA BOURGEOISE.

Hors-d'œuvre. Mettez sur le feu une chopine de bon lait que vous faites bouillir, et y jetez après une bonne poignée de mie de pain. Passez à la passoire : faites bouillir le tout ensemble en le tournant souvent, principalement sur la fin, jusqu'à ce que la mie de pain ait bu tout le lait, et qu'elle soit bien épaisse : mettez-la refroidir. Coupez une demi-douzaine d'oignons en petits dés, et les faites cuire à petit feu, sans qu'ils soient colorés : mettez un morceau de beurre avec une demi-livre de panne de cochon hachée, que vous mêlez avec les oignons, après qu'ils sont ôtés du feu. Mettez-y aussi la mie de pain avec six jaunes d'œufs, un peu plus d'un demi-setier de crème; délayez le tout ensemble : assaisonnez de sel fin, fines épices. Prenez des boyaux de cochon bien lavés ; coupez-les de la longueur que vous voulez faire vos boudins : ne les emplissez qu'aux trois quarts ; liez le bout. Quand ils seront tous finis, faites bouillir de l'eau. Quand elle bouillera fort, mettez-y doucement les boudins, et les faites bouillir jusqu'à ce qu'ils soient cuits : ce que vous connaîtrez en les piquant avec une épingle, et qu'il en sortira de la graisse. Retirez-les doucement avec une écumoire, mettez-les dans de l'eau fraîche, faites-les égoutter, et les faites griller dans une caisse de papier ; ensuite vous les ôtez de la caisse pour les servir chaudement.

FAÇON DE FAIRE TOUTES SORTES DE CERVELAS.

Entremets. Communément on prend de la chair de porc la plus tendre et la plus entrelardée. Si vous voulez les faire d'autre viande, soit veau, lièvre ou lapin, vous aurez soin que votre viande soit bien nourrie de lard. Vous prendrez donc de la viande selon la quantité de cervelas que vous voudrez faire: hachez-la, mettez-y un peu de persil, ciboules hachées, sel, épices mêlées. Prenez des boyaux de telle grosseur que vous jugerez à propos ; emplissez-les de viande, et les ficelez par les deux bouts : mettez-les fumer à la cheminée deux jours, et les faites ensuite cuire deux ou trois heures, suivant leur grosseur, dans un bouillon sans sel. Si vous voulez faire des cervelas à l'oignon, vous prendrez des oignons suivant la quantité de viande que vous aurez ; il faut les hacher et les faire cuire avec du lard fondu ou du saindoux. Quand ils seront cuits aux trois quarts, vous les mettrez avec la viande, et finirez vos cervelas comme il est dit ci-devant. Si vous voulez faire des cervelas aux truffes, hachez-en la quantité que vous jugerez à propos, sans les faire cuire, et vous finirez vos cervelas de la même façon.

FAÇON DE FAIRE TOUTES SORTES DE SAUCISSES.

Hors-d'œuvre. Prenez de la graisse de porc où il y ait plus de gras que de maigre : hachez-la et mettez-y persil, ciboules hachées, assaisonnez de sel et de fines épices; entonnez-le tout dans des boyaux de veau ou du cochon ; ficelez les saucisses de la longueur que vous les voulez; faites-les griller. Pour leur donner le goût que vous jugez à propos, comme truffes, échalotes, etc. Si c'est aux truffes, vous en hachez avec la chair, suivant la quantité que vous voulez : si c'est à l'échalotte, vous en mettrez très-peu, crainte que leur goût ne domine. Les saucisses plates se font de la même façon, à cette différence que vous mettrez la viande dans une crépine de porc : faites-les griller de la même façon.

ANDOUILLES DE COCHON.

Hors-d'œuvre. Prenez des boyaux gras de cochon. Après qu'ils seront bien lavés, coupez-les de la longueur que vous voulez faire les andouilles; faites-les tremper dans de l'eau où il y ait un quart de vinaigre, du thym, laurier, basilic, pour leur faire prendre leur goût de charcuterie. Vous prenez ensuite une partie de ces boyaux que vous coupez en filets; assaisonnez le tout ensemble avec sel et fines herbes mêlées avec un peu d'anis; remplissez ensuite vos boyaux aux deux tiers, crainte qu'ils ne crèvent en cuisant, s'ils étaient trop pleins: ficelez-les par les deux bouts; faites-les cuire avec moitié eau et moitié lait, sel, thym, laurier, basilic, un peu de panne pour les nourrir. Quand elles sont cuites, laissez-les refroidir dans leur cuisson. Lorsque vous voulez servir, vous les faites griller, et les servez pour hors-d'œuvre.

JAMBON AU CINGARAT.

Entremets. Prenez du jambon, que vous coupez en tranches fort minces : mettez-les dans une casserole ou dans une poêle, avec un peu de gras de jambon ou du lard; faites cuire à petit feu. Quand il est cuit, vous dressez le jambon dans un plat, et mettez dans la même casserole un peu d'eau, un filet de vinaigre et du poivre concassé : il faut détacher ce qui reste dans la casserole, en remuant votre sauce avec une cuiller, et la servez sur le jambon.

DU COCHON DE LAIT.

Le cochon de lait se fait cuire à la broche.

Quand il est bien échaudé et troussé, vous lui coupez un peu de la peau à la tête, aux épaules et à la cuisse, pour que la peau ne se déchire point.

Quand il est au feu, frottez-le souvent avec de l'huile, pour que la peau soit croquante : il faut le manger sortant de la broche, sinon la peau se ramollit, et n'a plus de bon goût.

COCHON DE LAIT EN BLANQUETTE.

Hors-d'œuvre ou entrée. Il faut prendre les débris d'un cochon de lait que l'on a servi rôti; coupez-les en filets minces : mettez dans une casserole gros comme la moitié d'un œuf de bon beurre, avec des champignons coupés en filets minces, un bouquet de persil, ciboules, une gousse d'ail, deux échalottes, deux clous de girofle, la moitié d'une feuille de laurier, thym, basilic. Passez-les sur le feu, mettez-y une pincée de farine : mouillez avec un verre de vin blanc et autant de bouillon, sel, gros poivre : faites bouillir à petit feu et réduire à moitié. Otez le bouquet et y mettez les filets de viande; faites chauffer sans bouillir : ensuite vous y mettrez une liaison de trois jaunes d'œufs délayés avec deux cuillerées à bouche de verjus et autant de bouillon : faites lier sur le feu sans bouillir. Servez chaudement.

COCHON DE LAIT EN GALANTINE.

Gros entremets froid. Quand il est bien échaudé, il faut le désosser à forfait, l'étendre sur un linge blanc, et mettre dessus une bonne farce de viande assaisonnée de bon goût, que vous étendez de l'épaisseur d'un gros écu. Mettez sur cette farce une rangée de lardons de jambon, une de lard, une de truffes, une de jaunes d'œufs durs. Couvrez tous ces lardons avec un peu de farce : ensuite vous roulez le cochon de lait, en prenant garde de déranger les lardons. Enveloppez de bardes de lard et d'une étamine : serrez-le fort avec de la ficelle, et le faites cuire pendant trois heures avec moitié bouillon et moitié vin blanc, sel, gros poivre, racines, oignons, un gros bouquet de persil, ciboules, échalottes, ail, girofle, thym, basilic. Quand il est cuit, laissez-le refroidir dans sa cuisson, et le servez froid pour entremets. Toutes sortes de galantines se font de même.

COCHON DE LAIT EN PATÉ FROID.

Pour faire ce pâté froid, vous suivrez ce qui est expliqué dans l'article des PATÉS.

CHAPITRE VII.

DE L'AGNEAU.

QUOIQUE l'agneau ne soit pas le plus excellent à travailler en cuisine, à cause de son goût insipide, parce que c'est une viande qui n'est point faite, je ne laisserai pas que d'expliquer les différentes parties dont on fait usage.

SUE D'AGNEAU A LA BOURGEOISE.

Hors-d'œuvre. Sous le nom d'issue, l'on comprend la tête, le foie, le cœur, le mou et les pieds.

Vous ôtez les mâchoires et le museau: faites-les dégorger dans de l'eau avec le reste de l'issue coupée par morceaux; faites-les blanchir un moment, et faites cuire à petit feu avec du bouillon, un peu de beurre, un bouquet garni de sel, poivre.

Quand il est cuit, délayez trois jaunes d'œufs avec un peu de lait, et faites-lier votre sauce sur le feu: mettez après un filet de verjus. Dressez la tête dans le plat que vous devez servir; découvrez la cervelle; mettez le reste autour et la sauce par-dessus.

TÊTE D'AGNEAU DE PLUSIEURS FAÇONS.

Entrée. Vous prenez deux têtes d'agneau, que le collet tienne avec; vous ôtez les mâchoires et le museau; faites-les blanchir et cuire dans une braise blanche, comme les oreilles de veau.

Vous les mettez dans une marmite avec du bouillon, un gros bouquet garni, sel, poivre, racines, oignons, du verjus en grain, ou la moitié d'un citron coupé en tranches. La peau ôtée, faites-les cuire à petit feu: quand elles sont cuites, découvrez les cervelles, dressez-les dans le plat que vous devez servir, et versez dessus telle sauce que vous jugerez à propos, comme sauce à l'espagnole, sauce à la ravigote, sauce à la poivrade liée, sauce à la peluche verte; ou pour le plus simple, vous prenez du bouillon de leur cuisson. Prenez garde qu'il ne soit trop salé: délayez-le avec trois jaunes d'œuf, une pincée de persil haché, faites-les lier sur le feu, et servez dessus les têtes.

Vous pouvez encore, à la place des sauces, y mettre un un ragoût de crêtes ou un salpicon, ou un ragoût de truffes.

L'on fait aussi des potages à la tête d'agneau qui sont au blanc.

QUARTIER D'AGNEAU, MANIÈRE DE LE SERVIR.

Le quartier de devant est plus délicat que celui de derrière.

Il se sert ordinairement rôti pour un plat de *rôt*.

Vous le servez aussi en fricandeau. Voyez *Fricandeau*.

Pour le bien glacer, prenez la glace qui est dans la casserole avec le dos d'une cuiller, et l'étendez sur l'agneau.

Vous pouvez aussi le servir en fricandeau avec un goût d'épinards, ou cuits à la braise avec un ragoût de cornichons.

Vous en faites aussi des entrées à l'anglaise qui se font

en mettant des côtelettes sur le gril comme des côtelettes de mouton.

Et le reste du quartier vous le faites cuire à la broche.

Quand il est froid, vous en faites un hachis, et mettez ces côtelettes autour.

Le quartier de devant se déguise ainsi :

Quand il est cuit à la broche et qu'il a déjà été servi sur à table, vous le coupez par filets, et le mettez en blanquette, ou à la béchamelle comme ci-dessus.

FILETS D'AGNEAU EN BLANQUETTE.

Hors-d'œuvre. Vous mettez dans une casserole un morceau de beurre, des champignons coupés en filet, un bouquet garni ; passez-les sur le feu, et y mettez une pincée de farine : mouillez avec du bouillon ; faites cuire les champignons jusqu'à ce qu'il n'y ait presque plus de sauce.

Mettez dedans les filets d'agneau cuits à la broche, et coupés en petits morceaux minces, avec une liaison de trois jaunes d'œufs délayés avec du lait : faites lier la sauce sur le feu sans qu'elle bouille ; assaisonnez-la de bon goût ; mettez dedans un filet de verjus ou un filet de vinaigre en servant.

FILETS D'AGNEAU A LA BÉCHAMELLE.

Hors-d'œuvre. La béchamelle n'est autre chose que de la crème réduite jusqu'à ce qu'elle soit assez liée pour faire une sauce.

Quand elle commence à s'épaissir, mettez-y les filets coupés, comme il est dit pour la blanquette : faites-les chauffer sans qu'ils bouillent ; assaisonnez-les de bon goût, et les servez. Toutes sortes de filets à la béchamelle se font de la même façon.

DU QUARTIER DE DERRIÈRE DE L'AGNEAU.

Le quartier de derrière se met ordinairement à la broche, il se met aussi farci en dedans, cuit à la braise, et servi avec un ragoût d'épinards.

Cuit à la braise et refroidi, vous en tirerez des filets, que vous mettez en blanquette ou à la béchamelle, comme il est dit ci-devant.

USAGE DU RIS D'AGNEAU.

Ils se servent de la même façon que les ris de veau. Voyez les *Ris de veau.*

La langue, les pieds et la queue s'accommodent comme ceux de mouton.

CHAPITRE VIII.

DE LA VOLAILLE EN GÉNÉRAL

me suis assez étendu sur la viande de boucherie, que nous appelons grosse viande.

Il est temps de passer présentement à des viandes plus délicates.

Je commencerai par le poulet, puisqu'il est le meilleur pour la santé. Sa chair est nourrissante et facile à digérer. C'est une des premières nourritures en viande que l'on ordonne aux malades.

Toute la volaille doit être plumée sitôt qu'elle est tuée. Il ne faut point la mettre dans l'eau chaude pour la plumer; elle se plume à sec : il ne faut la vider qu'après qu'elle est flambée. Vous la flambez sur un fourneau bien allumé de charbon; il faut la passer légèrement sur la flamme, qu'elle n'ait que le temps de brûler les poils qui restent. Si vous n'avez pas la commodité d'un fourneau allumé, prenez simplement une feuille de papier que vous brûlez dessous les poils; vous videz ensuite : pour cet effet, vous coupez la peau de la volaille sur le derrière du cou; détachez légèrement la poche d'avec la peau pour l'ôter sans déchirer la volaille; passez ensuite votre doigt dans le trou du brochet; tournez-le en le courbant pour détacher : c'est ce qui donnera la facilité de faire sortir les boyaux, foie et gésier. Vous agrandirez ensuite le trou auprès du croupion, et viderez doucement la volaille, pour ne la point déchirer : vous aurez soin d'ôter l'amer du foie et le dedans du gésier. Toutes sortes de volaille et de gibier se flamblent et se vident de la même façon. Si c'est pour rôtir et servir pour un plat de rôt, il ne faut point les flamber; videz-les comme je viens de marquer : faites-les refaire sur de la braise, essuyez-les bien avec un torchon, épluchez-les : vous les barderez ensuite ou piquerez comme vous jugerez à propos.

DIFFÉRENTES SORTES DE POULETS.

Nous en avons de quatre sortes, qui sont les poulets gras, les poulets aux œufs, les poulets à la reine et les poulets communs.

Le poulet à la reine est le plus petit et le plus estimé.

Le poulet aux œufs est après.

Le poulet gras, qui est le plus fort, est très-estimé quand il est choisi bien blanc, en chair et en graisse.

FRICASSÉE DE POULET.

Prenez deux poulets communs, bien en chair, que vous flambez, épluchez et videz. Coupez-les par membres, et les mettez tremper dans de l'eau un peu tiède, pour les faire dégorger; vous y mettez aussi les foies, après avoir ôté l'amer, les gésiers, que vous fendez pour ôter ce qui est dedans, les pattes, que vous mettez sur de la braise pour ôter la peau: il faut couper les ergots, les cous, dont vous coupez la moitié de la tête. Vos poulets étant bien dégorgés, mettez-les égoutter sur un tamis ou dans une passoire; mettez-les dans une casserole avec un morceau de bon beurre, un bouquet de persil, ciboules, une feuille de laurier, un peu de thym, du basilic, deux clous de girofle, des champignons, une tranche de jambon, si vous en avez; passez-le tout sur un bon feu, jusqu'à ce qu'il n'y ait presque plus de sauce: vous y mettrez une bonne pincée de farine, et mouillerez avec un peu d'eau chaude; assaisonnez de gros poivre; faites cuire et réduire à peu de sauce. Lorsque vous êtes prêt à servir, vous y mettez une liaison de trois jaunes d'œufs délayés avec de la crème ou du lait: faites lier sur le feu sans bouillir, parce que la sauce tournerait. Mettez-y un jus de citron, ou un filet de vinaigre: dressez votre fricassée, les abattis dans le fond, les cuisses et les ailes dessus: arrosez partout avec la sauce et les champignons. Si vous voulez votre fricassée d'un plus beau blanc, vous ôtez la peau des poulets avant que de les couper par membres.

Vous les mettez aussi au roux avec des culs d'artichauts à moitié cuits. Vous coupez le poulet par membres: passez-le sur le feu dans une casserole avec un morceau de beurre, un bouquet garni, et les morceaux d'artichauts; mettez-y une pincée de farine: mouillez avec du bouillon; un peu de jus et un demi-verre de vin blanc: faites bouillir à petit feu: dégraissez la sauce.

Quand le poulet est cuit, servez à courte sauce; et assaisonnez d'un bon sel. Vous servez aussi les poulets en fricandeau, que vous faites comme les fricandeaux de veau.

FRICASSÉE DE POULET A LA BOURDOIS.

Entrée. La fricassée de poulet à la Bourdois se fait de la même façon que la précédente, à cette différence que, quand elle est dressée sur son plat, vous la panez de mie de pain. Mettez sur la mie de pain de petits morceaux de beurre gros comme un pois: faites prendre une couleur dorée, dessous un couvercle de tourtière ou dans un four: servez chaudement. Cette façon est bonne pour masquer une fricassée que l'on a desservie de table.

POULET A LA TARTARE.

Entrée. Flambez et videz-le : faites-le refaire sur le feu, et le coupez par moitié. Cassez-lui un peu les os, et le faites mariner avec du bon beurre frais que vous faites fondre : mettez-y persil, ciboules, champignons, une pointe d'ail, le tout haché, sel, poivre : trempez-le dans le beurre, et le panez de mie de pain : faites-le griller à petit feu, et servez à sec, ou avec une bonne petite sauce claire.

POULETS EN CAISSE.

Entrée. Ayez deux poulets, que vous flambez, videz et troussez les pattes dans le corps ; laissez les ailes et applatissez un peu les poulets : faites-les mariner avec persil, ciboules, échalottes, ail ; le tout entier, de l'huile fine, sel, gros poivre. Faites une caisse de papiers : mettez-y les poulets avec tout leur assaisonnement, et les couvrez de bardes de lard et de papier : faites-les cuire à petit feu sur le gril ou dessous un couvercle de tourtière. Quand ils seront cuits, ôtez les fines herbes et les bardes de lard ; servez dans la caisse, en mettant quelques gouttes de verjus sur les poulets. Vous pouvez aussi les ôter de la caisse et les servir avec la sauce que vous voudrez.

POULETS COMMUNS, DIFFÉRENTES FAÇONS.

Les poulets communs se mettent à toutes sortes d'entremets que l'on fait bouillir : pour ceux que l'on fait cuire à la broche, il faut prendre des poulets gras ou des poulets communs bien en chair.

MANIÈRE DE SERVIR LES POULETS GRAS AUX OEUFS ET A LA REINE.

Ils se préparent tous de la même façon, et se servent ordinairement pour le plat de rôt.

Vous les servez bardes ou piqués suivant le goût du maître. Pour être cuits à leur point, cela se connaît au doigt et à l'œil : quand ils fléchissent sous le doigt en les tâtant à la cuisse, il est temps de les retirer du feu.

Pour la couleur il ne la faut ni trop pâle, ni trop colorée.

POULETS OU ENTRÉE DE BROCHE, DE DIFFÉRENTES FAÇONS.

Entrée. Si vous voulez servir des poulets gras ou à la reine pour entrée, faites-les cuire à la broche de cette façon :

Vous les flambez à la flamme d'un fourneau : videz-les, et leur mettez dans le corps un peu de lard râpé, et le foie du poulet haché, un peu de persil, ciboules hachées, très peu de sel : cousez-les pour que rien ne sorte; faites-les refaire sur le feu, dans une casserole, avec de la graisse de la marmite ; faites-les cuire à la broche enveloppés de lard et de papier : ne les mettez point à un feu trop ardent, crainte qu'ils ne se colorent, parce que les poulets en entrée de broche doivent se servir blancs.

Quand vos poulets sont cuits, dressez-les dans le plat que vous devez servir, et mettez-les avec telle sauce en ragoût que vous jugerez à propos.

Comme sauce à la ravigote, sauce à l'espagnole, sauce à la sultane, sauce à l'allemande, sauce à l'anglaise, sauce blanche, avec câpres et anchois, sauce à la carpe, sauce à l'italienne, sauce aux petits œufs, sauce piquante, sauce à la reine.

OU TOUTES SORTES DE RAGOUT.

Comme aux truffes, aux moussérons, aux morilles, aux petits oignons, aux concombres, aux cardes, aux écrevisses, aux pistaches, à la passe-pierre, au ragoût de fois gras, aux cornichons, aux huîtres.

POULETS A LA BARBARINE.

Entrée. On prend un ris de veau dégorgé et blanchi un moment à l'eau bouillante, coupé en petits dés avec des champignons : on le passe sur le feu avec du beurre, un bouquet de persil, ciboules : après avoir mis une pincée de farine, on mouille du bouillon, et un peu de jus assaisonné de sel, gros poivre; on fait cuire une bonne demi-heure, la sauce courte. Le ragoût refroidi, on prépare deux moyens poulets gras pour la broche : après qu'ils sont flambés et épluchés, on y met ce ragoût dans le corps. Après les avoir cousus et troussés les pattes sur l'estomac, on les fait refaire sur le feu dans une casserole avec un peu de beurre, en prenant garde de les colorer; ensuite on les fait cuire à la broche, couverts de bardes de lard et de papier. La cuisson faite, les ficelles ôtées, on les sert avec une sauce à l'espagnole. Voyez l'article des SAUCES.

POULETS A LA POÊLE.

Entrée. Flambez et épluchez deux moyens poulets ; fendez-les en deux par le milieu de l'estomac : videz-les et les passez dans une casserole avec un morceau de beurre, une pointe d'ail, deux échalottes, des champignons, persil, ciboules, le tout haché; mettez-y une pincée de farine;

VOLAILLE.

mouillez avec un verre de vin et autant de bouillon : assaisonnez de sel, gros poivre : faites cuire et réduire à courte
sauce, dégraissez avant que de servir.

POULETS AU FROMAGE.

Entrée. Flambez et épluchez deux poulets. Après les
avoir vidés et avoir troussé les pattes dans le corps, vous
les fendez un peu sur le dos, et les applatissez avec le couperet. Faites-les revenir dans une casserole avec un peu
de beurre ; mouillez avec un demi-verre de vin blanc et
autant de bon bouillon : mettez-y un bouquet de persil,
ciboules, une demi-gousse d'ail, deux clous de girofle,
une demi-feuille de laurier, thym, basilic, peu de sel,
gros poivre. Faites cuire une heure à petit feu, qu'ils ne
fassent que mijoter : ensuite vous ôtez les poulets, et mettez
dans la sauce gros comme une noix de bon beurre manié
d'une bonne pincée de farine : faites-la lier sur le feu. Prenez le plat que vous devez servir : mettez une partie de
cette sauce dans le fond, et sur la sauce une petite poignée
de fromage de Gruyère râpé : mettez les poulets dessus, et
sur les poulets, vous mettrez le restant de la sauce, et
ensuite autant de fromage de Gruyère râpé que vous en
avez mis dessous. Mettez le plat sur un petit feu doux et
un couvercle de tourtière avec du feu : quand ils seront
d'une belle couleur dorée, et plus de sauce ; servez chaudement. Si votre fromage est fort de sel, il n'en faut point
mettre dans la cuisson des poulets.

POULETS A L'ESTRAGON.

Entrée. Faites blanchir un demi-quart-d'heure une
bonne pincée de feuille d'estragon : retirez-le à l'eau fraîche, et la hachez fin après l'avoir pressée. Flambez et
épluchez deux poulets : videz-les et en prenez les foies,
que vous hachez et mêlez avec un morceau de beurre,
le quart de l'estragon haché, sel, gros poivre : mettez
cette petite farce dans le corps des poulets : mettez-les
dans une casserole, après les avoir troussés avec leurs
pattes, pour les faire revenir dans la graisse ou du beurre :
mettez-leur une barde sur l'estomac, et les faites cuire
à la broche enveloppés de papier. Quand ils seront cuits,
mettez le reste de l'estragon haché dans une casserole,
avec deux foies, gros comme une noix de bon beurre
manié d'une pincée de farine ; deux jaunes d'œufs, un
demi-verre de jus, deux cuillerées de bouillon, un filet
de vinaigre, sel, gros poivre ; faites lier la sauce sans
bouillir crainte que les œufs ne tournent : servez sur les
poulets.

POULETS EN MATELOTE.

Entrée. Coupez la tête et la queue à une douzaine de petits oignons blancs ; faites-les blanchir un demi-quart d'heure à l'eau bouillante : retirez-les à l'eau fraîche pour en ôter la première peau ; coupez deux moyennes carottes et un panais de la longueur de deux doigts, et les coupez autour en façon de bâton ; mettez dans une casserole un petit morceau de beurre, avec deux pincées de farine ; faites roussir de couleur cannelle, en tournant sur le feu ; mouillez avec un verre de vin blanc, autant de bouillon : mettez-y les carottes, les petits oignons, un bouquet de persil, ciboules, une demi-gousse d'ail, deux clous de girofle, une feuille de laurier, thym, basilic, sel, gros poivre, faites bouillir à petit feu une demi-heure, ensuite vous avez un gros poulet (ou deux petits) que vous flambez, épluchez et videz ; faites-les revenir sur le feu ; et coupez en quatre, mettez-les dans le ragoût : vous y mettez, si vous voulez, le foie, le cou, les ailes et les pattes : faites bouillir à petit feu pendant une heure. La cuisson faite, qu'il reste peu de sauce : dégraissez-la et y mettez un anchois haché, une bonne pincée de câpres. Servez chaudement.

POULETS A LA JARDINIERE.

Entrée. Videz deux moyens poulets ; faites chauffer les pattes pour les éplucher : coupez les ergots, et faites entrer les pattes dans le corps des poulets, et revenir sur le feu ; épluchez-les, et coupez chaque poulet en deux : aplatissez-les un peu avec le couperet. Faites mariner une heure avec du beurre chaud, persil, ciboules, une pointe d'ail champignons, le tout haché très fin ; sel, gros poivre, Faites tenir le plus que vous pouvez de marinade après les poulets, et les panez de mie de pain. Faites griller à petit feu, en les arrosant du restant de leur marinade. Quand ils seront cuits de belle couleur, servez avec une sauce faite avec un peu de jus, trois cuillerées de verjus, sel, gros poivre, un peu de persil haché, deux jaunes d'œufs, faites lier sans bouillir.

POULETS AU CERFEUIL.

Entrée. Mettez dans une casserole un peu de beurre avec deux racines, un panais coupé en zeste, deux ou trois oignons coupés en tranches, une gousse d'ail, deux clous de girofle, une feuille de laurier, thym, basilic ; passez le tout sur un petit feu, jusqu'à ce qu'ils soient un peu colorés ; ensuite mouillez avec un verre de vin blanc, autant de bouillon ; faites cuire à petit feu et réduire à moitié : passez au tamis ; mettez-y gros comme la moitié d'un œuf de bon beurre manié d'une bonne pincée de farine, avec deux pincées de cerfeuil haché très-fin ; faites lier cette sauce sur le feu, et la servez sur des poulets cuits à la broche.

POULETS AU RÉVEIL.

Entrée. Flambez et épluchez deux poulets ; videz-les ; hachez les foies, que vous mêlez avec un morceau de beurre, persil, ciboules, deux feuilles d'estragon, deux ou trois branches de cerfeuil, le tout haché, sel, gros poivre ; farcissez-en les poulets et troussez les pattes ; faites revenir sur le feu avec un peu de beurre ou de la graisse du pot ; mettez cuire à la broche, enveloppés de lard et de papier ; mettez dans une casserole le beurre qui vous a servi à passer les poulets, avec deux racines en zeste, deux oignons en tranche, une gousse d'ail, deux clous de girofle, une feuille de laurier, thym, basilic ; passez-les sur le feu sans les colorer : mouillez avec un verre de vin blanc, autant de bouillon ; faites bouillir à petit feu pendant une demi-heure, et passez au tamis. Prenez des herbes à fourniture de salade, comme estragon, pimpronelle, cerfeuil, civette, cresson alénois, de chacune suivant la farce ; que le tout ne fasse qu'une demi-poignée, que vous hachez très-fin ; mettez-le dans la sauce pour le laisser infuser une demi-heure sur la cendre chaude sans bouillir ; passez au tamis, et pressez les herbes pour en faire sortir l'expression. Mettez dans cette sauce gros comme deux noix de bon beurre manié d'une bonne pincée de farine, sel, gros poivre ; faites lier sur le feu sans bouillir : servez sur les poulets.

POULETS AU VERJUS EN GRAINS.

Entrée. Flambez, épluchez et videz les poulets ; farcissez le dedans avec le foie mêlé avec du beurre, persil, ciboules hachées, sel, gros poivre, et faites cuire à la broche ; mettez dans une casserole un peu de beurre avec deux oignons, une gousse d'ail, persil, ciboules, une carotte, un pannais, deux clous de girofle ; passez le tout ensemble jusqu'à ce qu'ils soient colorés ; mettez-y une bonne pincée de farine ; mouillez avec un verre de bouillon ; laissez cuire et réduire à moitié ; passez au tamis. Prenez une bonne poignée de verjus en grains bien verts ; ôtez-en les pépins et les faites blanchir un instant à l'eau bouillante. Retirez-les pour les égoutter : mettez-les dans la sauce avec deux jaunes d'œufs ; faites lier sur le feu sans bouillir, en tournant toujours : aussitôt que la sauce se paissit, ôtez-là du feu. Servez sur les poulets.

POULETS A LA GIBELOTTE.

Entrée. Coupez-les par membres, et les mettez dans une casserole avec les abattis, des champignons, un bouquet de persil, ciboules, une gousse d'ail, la moitié d'une feuille de laurier, thym, deux clous de girofle; un peu de beurre; passez-les sur le feu; mettez-y une bonne pincée de farine; mouillez avec un verre de vin blanc, du bouillon, du jus ce qu'il en faut pour en colorer le ragoût; sel, gros poivre; faites cuire et réduire à courte sauce.

POULETS AUX PETITS POIS.

Entrée. Coupez-les par membres, et les mettez dans une casserole avec un litron de petits pois, un morceau de beurre, un bouquet de persil, ciboules: passez-les sur le feu; mettez-y une bonne pincée de farine; mouillez moitié bouillon: faites cuire et réduire à courte sauce: ne mettez du sel qu'un moment avant de servir; un peu de sucre si vous le voulez.

POULETS EN HATELET.

Hors-d'œuvre ou entrée. Prenez des poulets rôtis, que l'on a desservis de la table, vous les coupez par membres et embrochez chaque morceau à des hatelets d'argent ou de petites brochette de bois, trempez-les dans l'œuf battu; assaisonnez de sel, poivre, persil, ciboules hachées; panez-les et les trempez dans du beurre ou de l'huile: panez-les de nouveau, et les faites griller à petit feu, en les arrosant légèrement avec un peu d'huile. Servez à sec, ou avec une sauce claire.

DES POULETS MARINES.

Hors-d'œuvre ou entrée. Coupez-les par membres, et les faites mariner et frire comme il est dit ci-devant pour la poitrine de veau.

POULETS EN PAIN.

Entrée. Il faut les désosser à forfait sans percer la peau et les remplir d'un ragoût de ris de veau. Ficelez-les en les arrondissant, et les enveloppez de lard et d'un linge blanc; faites-les cuire avec du vin blanc, bon bouillon, un bouquet garni. Servez avec une sauce à l'espagnole.

POULETS A LA SAINTE-MENEHOULD.

Entrée et hors d'œuvre. Flambez, videz et troussez les

pattes dans le corps à deux poulets communs ; mettez-le
dans une casserole avec un morceau de beurre, un verre
de vin blanc, sel, gros poivre, un bouquet de persil, ciboules, une gousse d'ail, thym, laurier, basilic, deux
clous de girofle. Faites cuire à petit feu, et attachez toute
la sauce autour des poulets : ensuite vous trempez les
poulets dans de l'œuf battu ; panez-les de mie de pain ;
retrempez-les dans du beurre, et les panez de nouveau ;
faites-les griller d'une couleur dorée. Servez-les à sec ou
avec une sauce claire un peu piquante.

USAGE DU COQ ET DE LA POULE.

Ils sont tous les deux excellens pour faire de bon
bouillon et de la gelée de viande pour les malades, en
mettant un peu de jarret de veau avec, et à faire du blanc
manger.

Ils sont aussi propres à faire de bons consommés, et
à donner du corps à toutes sortes de bonnes sauces et
ragoûts.

DES DINDONS ET DINDONNEAUX.

Le dindonneau se sert à la broche, piqué ou bardé,
pour un plat de rôt, principalement quand il est gras e'
dans la nouveauté.

Quand il est cuit et refroidi, ce que l'on a desservi de la
table, vous sert à faire différentes entrées.

Vous le coupez par filets, et le servez en blanquette.
Voyez Agneau en blanquette.

Une autre fois à la béchamelle. *Voyez* Agneau à la
béchamelle.

Les cuisses se servent sur le gril avec une sauce Robert

Si vous voulez mettre un dindonneau en entrée, vous
le préparez pour la broche, comme je l'ai expliqué ci-
devant pour les poulets gras.

Faites-les cuire de la même façon, et servez avec les
mêmes sauces et ragoûts.

Vous pouvez aussi le servir en entrée sans le faire cuire
à la broche ; comme il sera expliqué ci-après.

ABATTIS DE DINDON EN FRICASSÉE AU BLANC OU AU ROUX.

Entrée ou hors-d'œuvre. Prenez un ou deux abattis de
dindon, qui comprend les ailes, les pattes, le foie et le
gésier ; échaudez le tout, et l'épluchez : mettez-le dans une
casserole avec un morceau de beurre : un bouquet de
persil, ciboules, une gousse d'ail ; deux clous de girofle,
thym, laurier, basilic, des champignons : passez le tout sur

le feu, et y mettez une bonne pincée de farine; mouillez avec de l'eau ou du bouillon; assaisonnez de sel, gros poivre: faites cuire et réduire à courte sauce. Quand vous êtes prêt à servir, ôtez le bouquet, mettez-y une liaison de trois jaunes d'œufs avec de la crème; faites lier sans bouillir; en servant, vous mettrez un filet de vinaigre ou de verjus. Si vous la mettez au roux, après l'avoir farinée, mouillez moitié bouillon et moitié jus; laissez réduire à courte sauce. Si vous voulez mettre un abattis aux petits pois, mettez-les dans la casserole pour les passer avec, et un bon morceau de beurre; farinez et mouillez moitié bouillon et moitié jus; laissez cuire et réduire à courte sauce.

DIFFÉRENTES FAÇONS POUR ACCOMMODER LES VIEUX DINDONS.

Entremets. Ils se servent à faire des daubes : vous les plumez, videz et troussez les pattes dans le corps; faites-les refaire sur la braise. Vous les lardez de gros lardons assaisonnés de sel, poivre, persil, ciboules, ail, échalottes, le tout haché. Mettez-le cuire dans une marmite juste à sa grosseur, avec une chopine de vin blanc; bouillon, racines, oignons, un bouquet garni, sel, poivre ; faites cuire à petit feu.

Quand il est cuit, passez le bouillon au tamis, et le faites réduire en glace que vous mettez refroidir : étendez sur le dindon. Si vous en avez de reste, mettez-le dans le corps. Vous servez ce dindon dans le plat sur une serviette, garni de persil vert.

Vous pouvez faire de ces dindons des entrées à la braise, comme brézoles, fricandeau ; des entrées à la bourgeoise, entre deux plats, comme les noix de veau.

CUISSES DE DINDON ACCOMPAGNÉES.

Entrée. Faites dégorger un ris de veau et blanchir à l'eau bouillante; coupez-le en gros dés; maniez-les ensemble avec du lard râpé, persil, ciboules, basilic, échalottes, le tout haché, sel, gros poivre, deux jaunes d'œufs. Ayez deux cuisses de dindon crues, bien épluchées et désossées à forfait, à la réserve du bout de l'os, qui joint la patte, que vous laissez. Mettez dans les cuisses les ris de veau avec leur assaisonnement; couvrez-les pour que rien ne sorte, et les faites cuire dans une petite braise faite avec un verre de vin blanc, autant de bon bouillon, un bouquet de persil, ciboules, peu de sel; couvrez-les de bardes de lard, et les faites cuire à petit feu. Lorsqu'elles sont cuites, et qu'il reste peu de sauce, dégraissez-la, ôtez les bardes et le bouquet : mettez-y deux cuillerées

de coulis pour la lier. Si vous n'en avez point, vous y
mettez gros comme une noix de beurre manié avec une
pincée de farine, et un peu de persil blanchi haché. Faites
lier sur le feu; servez sur les cuisses avec un jus de citron
ou un filet de verjus.

CUISSES DE DINDON À LA CRÈME.

Entrée. Si vous servez des cuisses d'un dindon cuit à la
broche, que l'on a desservi de la table, il ne faut point les
larder ; si elles sont crues, vous les larderez en travers avec
du gros lard. Faites-les cuire dans une Sainte-Menehould,
faite de cette façon : mettez dans une casserole gros comme
un œuf de beurre manié avec une demi-cuillerée de farine, sel, poivre, persil, ciboules, une gousse d'ail, deux
échalottes, trois clous de girofle, une feuille de laurier,
thym, basilic, deux pincées de coriandre, un demi-setier
de lait; tournez sur le feu jusqu'à ce que cela bouille ;
mettez-y les cuisses de dindon, et faites bouillir à très-petit
feu. Quand elles fléchiront dessous les doigts, vous les
retirerez pour les égoutter. Prenez le gras de la Sainte-
Menehould, et y trempez les cuisses; panez-les tout de
suite; faites-les griller à petit feu, en les arrosant légèrement du restant du gras où vous les avez trempées. Mettez
dans une casserole un demi-verre de jus avec deux cuillerées de verjus, sel, gros poivre ; faites chauffer, servez
dessous les cuisses.

DINDON EN PAIN.

Grosse entrée. Prenez un dindon, que vous désossez à
forfait, après l'avoir flambé sur un fourneau bien allumé.

Quand il est désossé, vous mettez dans le corps un petit
ragoût cru, composé de foies gras, de champignons, de
petit lard coupé en petits dés, manié avec sel, fines
épices, persil, ciboules hachées; cousez le dindon, et lui
donnez la forme d'un pain, après lui avoir mis une barde
de lard sur l'estomac, et l'enveloppez d'un morceau d'é-
tamine.

Mettez-les cuire dans une marmite qui ne soit pas plus
grande qu'il ne faut ; mettez-y de bon bouillon, un verre
de vin blanc, un bouquet de fines herbes.

Quand il est cuit, ôtez-le de la marmite et le tenez chaudement; passez ce bouillon dans une casserole, après
l'avoir dégraissé; faites-le réduire à petite sauce, et y
ajoutez deux cuillerées de coulis. Développez le dindon de
l'étamine, ôtez la ficelle et les bardes de lard; essuyez-le
de sa graisse, en le pressant un peu avec un linge blanc,
servez la sauce par-dessus.

DINDON A LA POÊLE.

Grosse entrée. Flambez et épluchez un dindon, aplatissez-le un peu sur l'estomac ; troussez les pattes dans le corps ; mettez-le dans la casserole avec du beurre ou du lard fondu, persil, ciboules, champignons, une pointe d'ail, le tout haché très-fin. Faites-le refaire, et le mettez dans une casserole avec tout l'assaisonnement ; sel, gros poivre ; couvrez l'estomac de bardes de lard ; mouillez avec un verre de vin blanc, autant de bouillon : faites cuire à petit feu : ensuite vous le dégraissez, et mettez un peu de coulis dans la sauce pour la lier.

Les poulets et poularde se préparent de même.

DINDON EN GALANTINE.

Gros entremets froid. Flambez et videz un gros dindon ; désossez-le à forfait pour en faire une galantine de la même façon qui a été dite pour le cochon de lait en galantine.

DINDON EN BALLON.

Gros entremets froid. Vous le désossez à forfait sans percer la peau ; levez-en toute la chair, que vous coupez par filets, et le finissez comme le fromage de cochon. Si vous voulez le servir pour entrée, retirez-le pendant qu'il est chaud, et le servez avec une bonne sauce.

DINDON ROULÉ.

Entrée. Il faut flamber un dindon, et le couper en deux, le désosser à forfait, et remettre sur chaque moitié une bonne farce de viande ; roulez ensuite chaque moitié ; ficelez-les et les faites cuire, couvertes de bardes de lard, avec un verre de vin blanc, autant de bouillon, un bouquet de persil, ciboules, une gousse d'ail, deux clous de girofle, un peu de thym, laurier, basilic, sel, poivre, deux oignons en tranche, une carotte, un panais. La cuisson faite, dégraissez la sauce, et la passez au tamis ; mettez-y un peu de coulis pour la lier : servez sur la viande.

A la place de cette sauce, vous pouvez en mettre une autre, ou tel ragoût que vous jugerez à propos.

DES PATTES DE DINDON.

Entremets. Elles se cuisent à la braise comme la langue de bœuf, avec un bon assaisonnement.

Quand elles sont cuites et refroidies, vous les trempez

dans la graisse de leur cuisson : panez-les et les faites griller de belle couleur : servez-les à sec pour les entremets.

Si vous voulez les faire frire, trempez-les dans de l'œuf battu, et les panez de mie de pain; faites-les frire de belle couleur, et servez garnies de persil frit. Il y en a qui mettent une farce autour des pattes avant de les paner.

AILERONS DE DINDONS AUX PETITS OIGNONS ET FROMAGE.

Entrée. Prenez six ou huit ailerons de dindons que vous échaudez; faites blanchir et les épluchez; mettez-les dans une casserole avec un bouquet de persil, ciboules, deux clous de girofle, une demi-feuille de laurier, un peu de basilic, mouillez avec un verre de vin blanc et autant de bouillon; faites cuire à petit feu. Une demi-heure après, vous y mettrez au moins une douzaine de petits oignons blanchis un quart-d'heure à l'eau bouillante, et bien épluchés, peu de sel, du gros poivre. Achevez de cuire, et les retirez de la casserole pour les égoutter. Passez la sauce au tamis, et faites-la réduire, si elle est trop longue; mettez-y gros comme une noix de bon beurre manié d'une pincée de farine; faites lier sur le feu. Prenez le plat que vous devez servir; mettez un peu de sauce dans le fond, et par-dessus une demi-poignée de fromage de Gruyère, ou de parmesan râpé; arrangez dessus les ailerons et les petits oignons entre; arrosez dessus avec le restant de la sauce; couvrez avec du fromage râpé; mettez le plat sur un petit fourneau, pour faire bouillir à petit feu jusqu'à ce qu'il n'y ait presque point de sauce; donnez couleur au-dessus avec une pelle rouge ou un couvercle de tourtière avec bon feu; servez chaudement.

AILERONS DE FRICASSÉE DE POULET.

Entrée. Après avoir échaudé des ailerons, fait blanchir et bien épluché, vous les faites cuire de la même façon que la fricassée de poulet que vous trouverez ci-devant.

AILERONS EN MATELOTE.

Entrée. Faites un petit roux d'une cuillerée de farine et de beurre que vous mouillez avec un demi-setier de vin blanc; autant de bouillon : mettez-y cuire des ailerons avec un bouquet de persil, ciboules, deux gousses d'ail, thym, laurier, basilic, deux clous de girofle, sel, gros poivre. A moitié de la cuisson, mettez-y au moins une douzaine de petits oignons blancs, blanchis un bon quart-d'heure à l'eau bouillante, et épluchés. Coupez des

mies de pain de la grandeur d'un petit écu, et les passez
sur le feu avec un peu de beurre jusqu'à ce qu'elles soient
colorées. Le ragout fini à courte sauce, mettez-y une
pincée de câpres fines entières; désossez les ailerons et
croutons dessus et autour, et la sauce par-dessus.

AILERONS A LA PURÉE DE LENTILLES.

Entrée. Vous les faites de même que ceux à la purée
verte, à cette différence que vous ne mettrez point de
queues de ciboules ni de persil dans la cuisson des lentilles.

AILERONS AU VIN DE CHAMPAGNE.

Entrée. Foncez une casserole de tranches de veau,
mettez les ailerons dessus, couvrez les bardes de lard :
mettez-y un bouquet garni, sel, gros poivre, un verre de
Champagne, un demi-verre de bon bouillon, faites-les
cuire à petit feu. Lorsqu'ils sont cuits, mettez deux cuillerées de coulis dans la sauce; dégraissez-la et la passez
au tamis : servez sur les ailerons, bien essuyés de leur
graisse.

Étant cuits de cette façon, sans y mettre du vin, vous
pouvez les servir avec telle sauce ou ragout que vous jugerez à propos.

DU PINTADEAU ET DE LA PINTADE.

La poule pintade se prépare pour entrée de la même
façon que la poularde.

On pique et on fait cuire la pintade à la broche pour
un plat de rôti, comme le faisan.

DE LA POULARDE ET DU CHAPON; COMMENT LES SERVIR.

La poularde se sert aussi pour un plat de rôt, comme
je l'ai expliqué ci-devant pour les poulets gras. Dans le
temps du cresson, vous en mettrez tout autour, assaisonné de sel et de vinaigre.

Les foies gras des poulardes, chapons, dindons, et gras
poulets, servent à mettre dans beaucoup de ragouts, et à
faire des entremets particuliers.

Vous les faites cuire à la broche, enveloppés de bardes
de lard et panés de mie de pain : servez-les avec une sauce
bachique.

Entrée. Vous les mettez aussi en caisse, qui se fait avec
du papier que vous graissez d'huile; faites les cuire dans
leur jus, avec persil, ciboules, champignons, le tout
haché, bardes de lard dessus et dessous, un peu d'huile,
un jus de citron en les servant, ou mettez-les en papillotes ou en ragout seul.

POULARDES DE PLUSIEURS FAÇONS.

Elles se mettent aussi en entrées de bien des façons différentes.

Quand elles sont tendres, elles se mettent en entrée de broche, et se servent avec les mêmes sauces et ragoûts que les poulets en entrée de broche.

Observez la même chose pour les chapons.

Si vous ne les jugez pas assez tendres pour la broche, ou que vous vouliez les diversifier; voici toutes sortes de braises : vous les mettez en fricandeau. *Voyez* Fricandeau de veau, ou à la tartare au gros sel.

Vous les flambez, videz et troussez les pattes en dedans et les faites blanchir un instant. Mettez une barde de lard sur l'estomac pour les tenir blancs; ficelez et mettez cuire dans la marmite. Quand ils fléchissent sous les doigts, en les tâtant à la cuise, retirez-les de la marmite : servez avec du bouillon et du gros sel par-dessus.

POULARDE A LA BOURGEOISE.

Entrée. Flambez, videz-la et lui troussez les pattes dans le corps.

Vous mettez dans le fond d'une casserole un peu de bon beurre, deux oignons coupés en tranches. Mettez la poularde dessus, l'estomac en dessous. couvrez-la de deux oignons en tranches, deux racines coupées en filets, un bouquet garni de toutes sortes de fines herbes, un peu de sel. Faites cuire de cette façon la poularde sur la cendre chaude : à la moitié de la cuisson, mettez-y un demi-verre de vin blanc.

Quand elle est cuite, dégraissez la sauce, et la passez au tamis : mettez-y un peu de coulis, et servez dessus la poularde.

POULARDE ENTRE DEUX PLATS.

Entrée. Flambez, videz-la et lui troussez les pattes dans le corps; faites-la refaire dans une casserole sur le feu avec un morceau de beurre, sel, poivre, persil, ciboules, champignons, une pointe d'ail, le tout haché.

Mettez dans le fond d'une casserole des tranches de veau et la poularde dessus avec tout son assaisonnement, et la couvrez de bardes de lard; faites-la cuire de cette façon sur de la cendre chaude.

Quand elle est cuite, dégraissez la sauce et la passez au tamis; mettez-y une cuillerée de coulis et un filet de verjus; goûtez si la sauce est de bon goût, et servez dessus la poularde.

POULARDE A LA PERSILLADE.

Entrée. Prenez une poularde crue ou cuite à la broche, qui ait déjà servi sur la table. Si elle est entamée, cela n'y fait rien. Coupez-la par membres, et la faites cuire dans une casserole avec bon bouillon et coulis, sel, un peu de gros poivre.

Quand elle est cuite, et la sauce assez réduite, mettez-y une bonne pincée de persil haché très-fin, que vous aurez fait bouillir un moment dans l'eau : avant de les hacher il faut bien les presser. En servant, mettez-y un filet de verjus.

CHIPOULATE DE PLUSIEURS FAÇONS.

Entrée. Pour faire une chipoulate, vous prendrez des cuisses de poulardes ou de dindons. Pour le mieux, ne prenez que des ailerons de dindons ou de poulardes, suivant la saison. Vous avez six saucisses de la longueur du doigt, du petit lard coupé en tranches, des petits oignons blancs blanchis ; faites cuire le tout ensemble dans une casserole, avec un peu de bouillon, et enveloppez de bardes de lard dessus et dessous, deux tranches de citron, un bouquet de fines herbes. Quand le tout est cuit, retirez-le proprement pour le mettre égoutter, et vous le dresserez dans le plat que vous devez servir. Vous prenez ensuite la sauce qui reste dans la casserole, que vous dégraissez en la passant par le tamis : mettez-y une cuillerée de coulis pour donner un peu de consistance. Goûtez si votre sauce est de bon goût et la servez par-dessus. Les ailerons de poulardes se préparent de la même façon que ceux des dindons : vous pouvez mettre un poulet entier de la même façon.

POULARDE EN MATELOTTE

Entrée. Prenez une poularde que vous flambez et videz ; laissez les ailes et pattes, que vous troussez comme pour mettre au pot ; lardez-la de lard ; faites-la cuire avec du vin blanc, un peu de bouillon, six gros oignons, carotte et panais proprement coupés, un bouquet de persil, clous de girofle, ciboules, thym, laurier, basilic, deux tranches de citron, sel, poivre ; faites cuire à petit feu. Quand elle est cuite, dressez la poularde dans le plat que vous devez servir, les oignons et les racines autour ; servez avec sa sauce bien dégraissée. Si vous avez une cuillerée de coulis à mettre dans la sauce, elle aura plus de consistance.

POULARDE A LA CUISINIÈRE.

Entrée. Flambez, épluchez et videz une poularde ; farcissez-la avec son foie mêlé avec un peu de beurre, persil, ciboules, une pointe d'ail hachée, sel, gros poivre, deux jaunes d'œufs ; faites-la cuire à la broche. Quand elle est cuite, arrosez le dessus avec un peu de beurre chaud, où vous avez délayé un jaune d'œuf ; panez avec de la mie de pain ; faites-lui prendre au feu une belle couleur dorée, et vous la servirez avec une sauce de cette façon. Mettez dans une casserole un demi-verre de bouillon, un peu de vinaigre, gros comme la moitié d'un œuf de beurre manié avec une bonne pincée de farine, sel, gros poivre, de la muscade râpée ; faites lier sur le feu.

POULARDE AU COURT-BOUILLON.

Entrée. Flambez une bonne poularde : faites chauffer les pattes pour en ôter la peau ; coupez les griffes à moitié, videz-la, et troussez les pattes en les faisant entrer dans le corps ; ficelez la poularde, et la mettez dans une marmite juste à sa grandeur, avec un morceau de beurre, deux oignons en tranches, une racine, un panais, un bouquet de persil, ciboules, une gousse d'ail, trois clous de girofle, deux échalottes, sel, gros poivre : mouillez avec deux verres de bouillon, un verre de vin blanc, une cuillerée de verjus ; faites cuire à petit feu. Lorsque votre poularde fléchit sous le doigt, passez tout le court-bouillon dans un tamis ; faites-le réduire sur le feu au point d'une sauce : servez sur la poularde.

POULARDE EN PÂTÉ EN BROCHE.

Entrée. On fait un pâté avec de la farine, du beurre, deux œufs, de l'eau et du sel : on la laisse reposer une heure avant de s'en servir. On prend une poularde tendre ; après l'avoir flambée, vidée et épluchée, on met dans le corps une farce de son foie mêlée de mie de pain avec de la crème, deux jaunes d'œufs crus, persil, ciboules hachées, sel, gros poivre, beaucoup de lard râpé, ou de bon beurre. On met la poularde à la broche, on l'enveloppe d'une barde de lard, et ensuite avec la pâte que l'on a battue avec le rouleau jusqu'à ce qu'elle soit de l'épaisseur d'un petit écu. Il faut mouiller la pâte sur les bords pour la souder, et la couvrir de plusieurs feuilles de papier. Étant bien ficelée, on la fait cuire une heure et demie à la broche ; presque cuite, on ôte le papier pour donner la couleur à la pâte : dressée sur le plat, on fait un trou sur le dessus de la pâte pour y faire entrer une bonne sauce, comme celle à l'espagnole ou à la sultane. Voyez l'article des SAUCES.

POULARDE EN QUADRILLE.

Entrée et hors-d'œuvre. On coupe une poularde en quatre; après l'avoir flambée et épluchée, on la met cuire
entre des bardes de lard, avec une truffe, une tranche de
jambon, un bouquet de persil, ciboules, deux échalottes,
une demi-feuille de laurier, quelques feuilles de basilic,
un clou de girofle, un verre de vin blanc, peu de sel, gros
poivre. La cuisson faite, on hache à part la truffe, le jambon, un jaune d'œuf dur et une bonne pincée de câpres.
On prend le fond de la sauce pour la dégraisser: passée au
tamis, on y met gros comme une noix de beurre manié
de farine, pour la faire lier sur le feu et la dresser dans le
plat; l'on y met ensuite les quatre morceaux de poularde:
l'on couvre le premier du jambon haché, le second de
jaunes d'œufs, le troisième de truffes, et le quatrième
avec les câpres.

POULARDE A LA BÉCHAMELLE.

Entrée ou hors-d'œuvre. Ordinairement l'on prend une
poularde cuite à la broche, que l'on a desservie de la table.
Vous la coupez par membres, ou, pour le mieux, quand
la poularde est presque entière et forte, vous levez toute
la chair, que vous coupez par filets. Mettez dans une casserole une chopine de crème ou un demi-setier de lait.
Quand elle bout, mettez-y gros comme la moitié d'un œuf
de bon beurre manié d'une pincée de farine, poivre, deux
échalottes, une demi-gousse d'ail, persil, ciboules; faites
bouillir à petit feu une demi-heure. Quand elle est réduite
au point d'une sauce, passez-la au tamis clair; mettez-y
la poularde pour la faire chauffer sans bouillir. Si la sauce
n'était pas tout-à-fait assez liée, vous mettriez un jaune
d'œuf; faites lier sans bouillir; mettez, en servant, deux
ou trois gouttes de vinaigre.

POULARDE A LA MONTMORENCI.

Entrée. Il faut piquer le dessus de la poularde; après
l'avoir flambée et vidée, vous la remplissez avec des foies
coupés en dés, du petit lard et de petits œufs. Cousez la
poularde pour que rien ne sorte; faites-la cuire comme
un fricandeau, et la glacez de même.

POULARDE A LA SAINTE-MENEHOULD.

Entrée. Il faut préparer une poularde, et la faire cuire
de la même façon que les poulets à la Sainte-Menehould,
que vous trouverez ci-devant.

POULARDE BLANC MANGER.

Entrée. Faites bouillir dans une casserole une chopine de bon lait, avec thym, laurier, basilic, coriandre, jusqu'à ce qu'il soit réduit à moitié; passez-la au tamis, et y mettez une poignée de mie de pain; remettez sur le feu jusqu'à ce que le pain ait bu le lait: ôtez-le du feu, et y mettez un quarteron de panne coupée en petits morceaux, une douzaine d'amandes douces pilées, très-fin, sel, muscade râpée, cinq jaunes d'œufs crus; mettez le tout dans le corps de la poularde, qui doit être flambée, vidée et bien épluchée; cousez-la pour que rien ne sorte, et la faites cuire entre des bardes de lard; mouillez avec du lait; assaisonnez de sel, un peu de coriandre. Quand elle est cuite et bien essuyée de sa graisse, servez une sauce à la reine.

POULARDE EN CANNELON.

Entrée. Vous la désossez à forfait après l'avoir coupée par la moitié; mettez sur chaque moitié une bonne farce de volaille; roulez-les ensuite, et couvrez le dessus d'une barde de lard. Ficelez et faites cuire une heure, avec un demi-verre de vin blanc, bon bouillon, un bouquet garni, sel, poivre. La cuisson faite, passez la sauce au tamis, dégraissez-la et y mettez deux cuillerées de coulis; faites réduire sur le feu au point d'une sauce; ôtez les bardes de lard et la ficelle: servez la sauce sur les cannelons de poularde.

POULARDE EN CROUSTADE.

Entrée. Il faut la flamber, vider, trousser les pattes dans le corps, et la larder en travers avec de gros lardons de petit lard bien entrelardé. Faites-la cuire avec un peu de bouillon, sel, poivre, un bouquet. Quand elle est cuite, vous ferez attacher toute la sauce autour, et la laisserez refroidir. Mettez dans une casserole un bon morceau de beurre manié d'une demi-cuillerée à bouche de farine, mouillez avec un peu de lait, sel, poivre. Faites lier cette sauce, qu'elle soit épaisse: versez-la partout sur la poularde, et y semez à mesure de la mie de pain, jusqu'à ce que cela vous forme une croûte: faites-la colorer sous un couvercle de **tourtière**: servez avec une sauce piquante, comme la première que vous trouverez à l'article des SAUCES.

POULARDE A LA CHIA.

Entrée. La chia est une espèce de cornichon

vient des Indes. Vous la coupez par tranches, et la faites tremper un quart-d'heure dans l'eau presque bouillante, ensuite égouttez-la, et la mettez dans une sauce ou coulis pour la servir sur une poularde cuite à la broche.

DE LA POULE DE CAUX ET DU COQ-VIERGE.

Rôt. Ils se servent ordinairement pour d'excellens plats de rôts; vous les piquez et les faites cuire à la broche.

DU CANARD, CANETON, OIE ET OISON.

Le caneton de Rouen se sert aussi cuit à la broche pour un plat de rôt. Si vous voulez le servir pour entrée, mettez-le à différentes petites sauces : faites-le cuire à la broche.

Les canards, canetons, oies et oisons, s'accommodent tous de la même façon. On les fait cuire dans une bonne braise, avec bouillon, sel, poivre, un bouquet garni de toutes sortes de fines herbes.

Quand ils sont cuits, vous les servez avec un ragoût de concombres ou un ragoût de pois : vous pouvez aussi les servir avec différentes sauces.

CANARD FARCI.

Entrée. Flambez et videz-le par la poche, et le désossez entièrement sans lui percer la peau.

Vous commencez à le désosser par la poche, et le renversez à mesure que vous ôtez les os; vous le remplissez après à moitié avec une farce de volaille ou de godiveau, si vous n'en avez point d'autre.

Cette farce de godiveau se fait en prenant gros comme un œuf de rouelle de veau, deux fois autant de graisse de bœuf, que vous hachez ensemble. Mettez-y avec persil, ciboules, champignons, le tout haché, deux œufs crus; sel, poivre et un demi-setier de crème; mêlez bien le tout ensemble, et le mettez dans le corps du canard. Ficelez-le pour que rien ne sorte; et le faites cuire à la braise comme la langue de bœuf.

Quand il est cuit, essuyez-le de sa graisse; et le servez avec une bonne sauce ou un ragoût de marrons. Faites cuire les marrons avec un demi-setier de vin blanc, un peu de coulis, une pincée de sel, et servez comme vous jugerez à propos.

CANARD EN HOCHEPOT.

Entrée. Flambez, videz-le et le coupez en quatre : faites-le cuire dans une petite marmite avec des navets, un

5.

quart de chou, panais, carottes, oignons coupés et tournés proprement; faites blanchir le tout un demi-quart-d'heure et le mettez ensuite dans la petite marmite avec de bon bouillon, un morceau de petit lard coupé en tranches tenant à la couenne et ficelé, un bouquet garni, peu du sel.

Quand le tout est cuit, vous dressez le canard dans une terrine à servir sur table; vous mettrez tous les légumes autour. Dégraissez le bouillon de la petite marmite où ont cuit vos légumes et le canard : ayez soin de goûter votre sauce auparavant, si elle est de bon goût.

CANARD AUX NAVETS.

Entrée. Prenez un canard que vous flambez, videz et troussez les pattes en dedans. Après qu'il est bien épluché, vous mettez un peu de beurre avec de la farine. Faites-la roussir de belle couleur, et mouillez avec du bouillon; vous y mettez ensuite le canard, avec un bouquet garni, sel, gros poivre. Vous avez des navets coupés proprement, que vous faites cuire avec le canard : s'ils sont durs, vous les mettez en même temps; s'ils ne le sont pas, vous les mettez en à la moitié de la cuisson du canard. Quand votre ragoût est bien cuit et bien dégraissé, mettez un filet de vinaigre : servez à courte sauce. Voilà la façon de faire le canard aux navets à la bourgeoise. L'autre façon est de faire cuire le canard à part dans une braise blanche; quant aux navets, il faut les tourner en amandes, les faire blanchir et cuire avec bon bouillon, jus de veau et du coulis; lorsque votre ragoût est fait, vous le servez sur le canard.

CANARD AU PÈRE DOUILLET.

Entrée. Flambez un canard et l'épluchez bien : videz-le et troussez les pattes dans le corps. Après l'avoir ficelé, vous le mettez dans une casserole juste à sa grandeur, avec un bouquet de persil, ciboules, une gousse d'ail, deux clous de girofle, thym, laurier, basilic, une bonne pincée de coriandre, des tranches d'oignons, une carotte, un panais, un morceau de beurre, deux verres de bouillon, un verre de vin blanc; faites cuire à petit feu. Lorsque le canard fléchit sous le doigt, vous passez la sauce au tamis et la dégraissez. Faites-la réduire sur le feu au point d'une sauce : servez dessus le canard.

Vous pouvez encore le servir de la même façon en le coupant en quatre avant de le faire cuire.

CANETONS AUX POIS.

Entrée. Ayez un ou deux canetons échaudés et vidés; troussez les pattes de façon qu'il n'y ait que les griffes qui paraissent; faites-les blanchir un moment à l'eau bouillante; faites un petit roux avec deux pincées de farine et un morceau de beurre; mouillez avec du bouillon; mettez-y les canetons avec un litron de petits pois, un bouquet de persil, ciboules, faites bouillir à petit feu, jusqu'à ce que les canetons soient cuits: un moment avant de servir, vous y mettrez un peu de sel: servez à court-sauce.

Les oisons se préparent de la même façon.

OIE FARCIE A LA BROCHE.

Grosse entrée. Prenez des marrons ou de grosses châtaignes; ce que vous jugerez à propos; ôtez-en la première peau et les mettez sur le feu dans une poêle percée, et les remuez jusqu'à ce que vous puissiez ôter la seconde. Gardez les plus beaux pour faire un ragoût. Si vous n'avez point de poêle percée, mettez les marrons dans de l'eau bouillante, en les faisant bouillir jusqu'à ce que vous puissiez ôter la première peau. Mettez à part ceux que vous destinez pour le ragoût; les autres, vous les hachez et mettez dans une casserole avec la chair de quatre ou cinq saucisses, le foie de l'oie haché, deux cuillerées de saindoux ou un bon morceau de beurre, une échalotte, une petite pointe d'ail, persil, ciboules, le tout haché. Passez le tout ensemble sur le feu pendant un quart d'heure; laissez refroidir. Vous avez une oie jeune et tendre; après l'avoir vidée, flambée et épluchée; mettez cette farce dans son corps; cousez pour que rien ne sorte. Faites cuire à la broche, et la servez avec un ragoût de marrons, comme celui que vous trouverez à l'article des RAGOÛTS.

OIE A LA MOUTARDE.

Entrée. Ayez un oie jeune et tendre, que vous flambez, épluchez et videz, prenez-en le foie, que vous hachez après avoir ôté l'amer, et le mêlez avec deux échalottes, une demi-gousse d'ail, persil, ciboules, le tout haché, une feuille de laurier, thym, basilic haché comme en poudre, un bon morceau de beurre, sel, gros poivre. Farcissez en l'oie et la cousez; faites-la cuire à la broche, en l'arrosant de temps en temps avec un peu de beurre, et à mesure que vous arrosez, vous tenez un plat dessous pour ne point perdre ce qui en tombe. Lorsque l'oie est presque cuite, mêlez une cuillerée de moutarde dans le beurre qui vous a servi à l'arroser ; arrosez-en l'oie, et panez à mesure jusqu'à ce qu'elle soit bien couverte de mie de pain ; achevez de la faire cuire, jusqu'à ce qu'elle soit d'une belle couleur dorée. Servez avec une sauce faite de cette façon : mettez dans une casserole gros comme la moitié d'un œuf de beurre manié de deux pincée de farine, une bonne cuillerée de moutarde, plein une cuillér à café de vinaigre, un petit verre de jus ou de bouillon ; sel ; gros poivre ; faites lier sur le feu : servez dessous l'oie.

OIE A LA DAUBE.

Gros entremets froid: Ordinairement l'on prend une oie qui n'est point assez tendre pour mettre à la broche. Videz-la et lui troussez les pattes dans le corps ; ensuite vous la faites refaire sur le feu et l'épluchez. Lardez-la partout avec des lardons de lard assaisonné et manié avec persil, ciboules, deux échalottes, une demi-gousse d'ail, le tout haché, une feuille de laurier, thym, basilic haché, comme en poudre, sel ; gros poivre, un peu de muscade râpée. Après avoir lardé l'oie, vous la ficelez et la mettez dans une marmite juste à sa grandeur, avec deux verres d'eau, autant de vin blanc, et un demi-verre d'eau-de-vie, encore un peu de sel, gros poivre ; bouchez bien la marmite, et faites cuire à très-petit feu pendant trois ou quatre heures. La cuisson faite et la sauce très-courte pour qu'elle puisse se mettre en gelée, dressez la daube dans son plat quand elle sera presque froide, mettez la sauce par-dessus, et ne servez que quand elle sera tout à fait en gelée, pour entremets froid.

DES AILES ET CUISSE D'OIE ; MANIÈRE DE LES ACCOMMODER.

Pour faire les ailes et cuisses d'oie de façon qu'elles se conservent long-temps, vous prenez la quantité d'oies que vous jugez à propos ; vous les flambez ; videz et les mettez à la broche ; ne les faites cuire que jusqu'aux trois quarts. Ayez soin de mettre à part la graisse qu'elles rendront en cuisant ; laissez refroidir les oies et les coupez en quatre, en levant les cuisses ; et faisant tenir l'estomac avec les ailes ; arrangez-les bien serrées dans un pot de grès, en mettant entre chaque lit trois ou quatre feuilles de laurier et du sel. Faites fondre la graisse d'oie que vous avez mise à part avec beaucoup de saindoux : il faut qu'il y en ait assez pour que les ailes et les cuisses en soient couvertes ; mettez cette graisse dans le pot, couvrez-le avec un parchemin vingt-quatre heures après, et lorsque le tout sera bien froid, mettez-le dans un endroit sec.

On ne les prépare ainsi que dans les endroits où elles sont
à bon marché, principalement en Gascogne, d'où il en
vient beaucoup à Paris. Lorsque vous voulez vous en servir, vous les tirez du pot et de leur graisse à mesure que
vous en avez besoin. Lavez-les à l'eau chaude avant que
d'en faire l'usage que vous voulez.

Hors-d'œuvre ou entrée. Elles se mettent cuire dans une
petite braise, pour les servir avec différentes sauces et
ragoûts, l'on en sert sur le gril, après les avoir panées et
grillées, avec une sauce claire à la ravigote, ou une rémoulade, que vous trouverez à l'article des SAUCES.

Vous pouvez encore, étant cuites à la braise, les servir
avec une sauce à la moutarde de cette façon : vous mettez
dans une casserole gros comme une noix de beurre manié
d'une pincée de farine, une cuillerée de moutarde, deux
échalottes hachées, une petite pointe d'ail, sel, gros poivre, le tout délayé avec un peu de bouillon ; faites lier
sur le feu : servez sur les cuisses ou ailes.

Elles servent aussi à faire des hochepots et à garnir des
potages.

CANARD A LA BRUXELLES.

Entrée. Il faut le flamber, le vider, et mettre dans le
corps un salpicon fait de cette façon : coupez en dés un ris
de veau avec du petit lard bien entrelardé ; maniez le tout
ensuite avec du persil, ciboules, champignons, deux
échalottes, le tout haché, peu de sel, gros poivre ; cousez
le canard, pour que rien ne sorte, et le mettez cuire avec
une barde de lard sur l'estomac, un verre de vin blanc,
autant de bouillon, deux oignons, une carotte, la moitié
d'un panais, un bouquet garni. Quand il est cuit, passez
la sauce au tamis, dégraissez-la, mettez-y un peu de coulis pour la lier : faites-la réduire au point d'une sauce :
servez le canard.

CANARD EN DAUBE.

Entremets froid. Comme l'oie à la daube.

CANARD EN CHAUSSON.

Entrée. Vous le désossez et farcissez comme le canard
farci ; ensuite vous le faites cuire avec un verre de vin
blanc et autant de bouillon, un bouquet garni, sel,
gros poivre. Lorsqu'il est cuit, passez la sauce au tamis,
dégraissez-la, et y mettez un peu de coulis pour le lier ;
faites réduire au point d'une sauce ; servez sur le canard.

CANARD A LA BÉARNAISE.

Entrée. Faites-le cuire avec un peu de bouillon, un demi-verre de vin blanc, un bouquet de persil, ciboules, thym, laurier, basilic, deux clous de girofle ; mettez dans une casserole sept ou huit gros oignons coupés en tranches avec un morceau de beurre ; passez-les sur le feu, en les retournant souvent jusqu'à ce qu'ils soient colorés ; mettez-y une bonne pincée de farine ; mouillez avec la cuisson du canard ; faites cuire l'oignon et réduire à courte sauce ; dégraissez-la ; ajoutez-y un filet de vinaigre : servez sur le canard.

CANARD A L'ITALIENNE

Entrée. Faites cuire un canard avec demi-setier de vin blanc, autant de bouillon, sel, gros poivre ; mettez dans une casserole deux cuillerées à bouche d'huile, persil, ciboules, champignons, une gousse d'ail, le tout haché : passez-les sur le feu ; mettez-y une pincée de farine ; mouillez avec la cuisson de canard, qui doit être dégraissée et passée au tamis ; faites réduire au point de sauce ; dégraissez-la avant de la servir sur le canard.

CANARD A LA PURÉE-VERTE.

Entrée. Faites cuire un demi litron de pois secs avec un peu de bouillon, un peu de persil et ciboules ; ensuite vous les passez en purée fort épaisse. Si ce sont des pois verts, il en faut un litron, et il ne faut ni persil ni ciboules. Faites cuire un canard avec du bouillon, sel, poivre, un bouquet de persil, ciboules, thym, laurier, basilic, une demi-gousse d'ail, deux clous de girofle. Quand il est cuit, passez-la sauce dans un tamis, et la mettez dans la purée pour lui donner du corps ; faites réduire la purée jusqu'à ce qu'elle ne soit ni trop claire, ni trop épaisse : servez sur le canard. En faisant cuire votre canard, vous pouvez y mettre un morceau de petit lard coupé en tranches, tenant à la couenne, et vous le servirez autour du canard. Toutes sortes d'entrées à la purée verte se font de même.

DES POULES D'EAU.

Les poules d'eau sont des oiseaux aquatiques. Il y en de plusieurs espèces et de différentes grosseurs : les unes ont les pieds verdâtres ; d'autres, couleur de rose ou rouges. Elles se préparent toutes de la même façon que les canards.

DES PIGEONS CAUCHOIS, DE VOLIERE ET BISETS.

Les gros pigeons cauchois, lorsqu'ils sont blancs, gras et tendres, servent à faire des plats de rôt. Vous les servez lardés ou piqués, suivant le goût du maître: vous en faites aussi beaucoup d'entrées différentes.

GROS PIGEONS DE PLUSIEURS FAÇONS.

Si vous voulez les diversifier de plusieurs façons, faites-les cuire dans une braise comme une langue de bœuf.

Quand ils sont cuits, dressez-les dans le plat que vous devez servir; mettez autant de choux-fleurs cuits dans un blanc, et servez par-dessus une sauce au beurre.

Une autre fois vous mettrez un ragoût de concombres, ou de petits oignons, ou de moutans de cardons, comme vous le jugerez à propos.

DES PIGEONS DE VOLIERE.

Ils se servent pour plat de rôt : faites-les cuire à la broche, enveloppés de lard et de feuilles de vigne dans le temps.

Ils servent aussi à faire des entrées de beaucoup de façons.

Si vous voulez les servir en entrée de broche, vous les flambez et videz. Hachez leur foie avec un peu de lard et très-peu de sel; remettez dans le corps le foie avec le lard; faites-les cuire à la broche enveloppés de lard et de papier.

Quand ils sont cuits, vous les servez avec différentes sauces et différens ragoûts, comme sauce à l'échalotte, sauce à la ravigote, sauce au beurre, sauce aux petits œufs, sauce à l'italienne.

En ragoût, vous en mettez aux morilles, aux mousserons, aux truffes, aux pointes d'asperges, aux petits pois, aux moutans de cardons, aux laitues farcies.

PIGEONS A LA BOURGEOISE.

Entrée. Vous les échaudez, videz et troussez les pattes en dedans. Faites-les blanchir un moment, et les retirez à l'eau fraîche; épluchez-les, et les mettez dans une casserole avec du bouillon, un bouquet garni de toutes sortes d'herbes, des champignons; des culs d'artichauts coupés en quatre et cuits à moitié, sel, poivre. Quand ils sont cuits, mettez-y un peu de coulis, et servez à courte sauce.

Si vous n'avez point de coulis, mettez-y une liaison de trois jaunes d'œufs délayés avec du bouillon, et un peu de persil haché.

COMPOTE DE PIGEONS.

Entrée. Ayez des petits pigeons échaudés, les pattes troussées dans le corps; faites les blanchir; ôtez le cou et les ailes. Après les avoir épluchés, mettez-les dans une casserole avec deux ou trois truffes, si vous en avez; des champignons, quelques foies de volailles, un ris de veau blanchi, coupé en quatre morceaux, un bouquet de persil, ciboules, une gousse d'ail, deux clous de girofle, du basilic, un morceau de bon beurre, passez-les sur le feu; mettez-y une bonne pincée de farine; mouillez moitié jus et moitié bouillon, un verre de vin blanc, sel, gros poivre. Laissez cuire et réduire à courte sauce; ayez soin de dégraissez: mettez en servant un jus de citron ou un filet de vinaigre blanc; que le tout soit cuit à propos et d'un bon sel.

PIGEONS AU BASILIC.

Entrée. Prenez des petits pigeons, que vous échaudez après les avoir vidés, et troussé les pattes de dedans; faites-les cuire dans une braise comme la langue de bœuf, en mettant un peu plus de basilic. Quand ils sont cuits, retirez-les de la braise pour les mettre refroidir; trempez-les ensuite dans deux œufs battus comme pour une omelette; panez-les à mesure avec de la mie de pain: faites-les frire; et servez garni de persil frit.

PIGEONS A LA CRAPAUDINE, SAUCE AU VERJUS

Prenez de bons pigeons, auxquels vous trousserez les pattes en dedans. S'ils sont gros, vous les couperez en deux, sinon vous ne ferez que les fendre par derrière, et les applattirez sans beaucoup cassez les os. Faites-les mariner avec de l'huile fine, sel, gros poivre, persil, ciboules, champignons, le tout haché: faites-leur prendre l'assaisonnement le plus que vous pourrez, et les panez de mie de pain; mettez-les sur le gril, et les arrosez du reste de leur marinade: faites-les griller à petit feu, et d'une belle couleur dorée. Quand ils sont cuits, vous les servez avec une sauce faite de cette façon: Vous mettez un oignon coupé dans un mortier avec du verjus; pilez bien le tout ensemble, et en faites sortir le plus de jus que vous pourrez, que vous mêlerez avec du bouillon, sel, gros poivre; faites chauffer, et servez sous les pigeons. Les mêmes se servent sans verjus, en mettant une autre sauce claire un peu piquante. A la place d'huile vous pouvez vous servir de beurre saindoux, ou bonne graisse du pot.

PIGEONS EN MATELOTE.

Entrée. Prenez des pigeons de moyenne grosseur : échaudez-les et troussez les pattes en dedans : passez-les dans une casserole avec un peu de beurre, une douzaine de petits oignons blancs, que vous aurez fait cuire un demi-quart-d'heure dans de l'eau pour les éplucher : mettez avec un quarteron de petit lard bien entrelardé : coupez-les en tranches, un bouquet garni ; ensuite vous mettrez une pincée de farine, et mouillerez moitié bouillon et moitié vin blanc. Quand vos pigeons seront cuits et réduits à peu de sauce, mettez-y une liaison de trois jaunes d'œufs, avec un peu de lait : en servant, il faut mettre un filet de verjus.

Vous pouvez les accommoder de la même façon que les pigeons cauchois et les pigeons de volière.

PIGEONS AU RAGOUT D'ÉCREVISSES.

Ayez trois ou quatre moyens pigeons échaudés, que vous faites blanchir après les avoir vidés. Fendez-les un peu sur le dos pour que cela leur élargisse l'estomac, et faites-les cuire avec un peu de bon bouillon et un verre de vin blanc, un bouquet de persil, ciboules, une gousse d'ail, deux clous de girofle, sel, poivre. Quand ils sont cuits, mettez dans une casserole des champignons, gros comme la moitié d'un œuf de bon beurre, une douzaine d'écrevisses. Épluchez, passez-les sur le feu, et y mettez une pincée de farine ; mouillez avec la cuisson des pigeons, que vous passez au tamis ; faites bouillir le ragoût une demi-heure, qu'il ne reste que peu de sauce : ajoutez-y une liaison de trois jaunes d'œufs avec de la crème, un peu de muscade et une petite pincée de persil haché très-fin.

Faites lier sans bouillir sur un moyen feu, en remuant toujours ; égouttez les pigeons pour les dresser dans le plat que vous devez servir : mettez dessus le ragoût d'écrevisses.

PIGEONS AUX PETITS POIS.

Prenez trois ou quatre pigeons, suivant qu'ils sont gros : échaudez-les et les faites blanchir. S'ils sont gros, vous les coupez en deux, après avoir troussé les pattes en dedans. Mettez-les dans une casserole avec un bon morceau de beurre, un litron de petits pois, un bouquet de persil, ciboules ; passez-les sur le feu, et y mettez une pincée de farine ; mouillez avec un verre d'eau ; faites cuire à petit feu. Quand ils sont cuits et qu'il n'y a plus de sauce ; vous y mettez un peu de sel fin, une liaison de deux œufs avec

de la crème : faites lier sur le feu sans bouillir. Servez à
courte sauce.

Si vous voulez les mettre au roux, en les passant vous y
mettrez un peu plus de farine, et mouillerez moitié jus et
moitié bouillon. Laissez cuire et réduire jusqu'à ce qu'il
n'y ait que peu de sauce bien liée, et vous y mettrez le sel
un moment avant que de servir, et gros comme une noisette de sucre fin.

PIGEONS AUX ASPERGES EN PETITS POIS.

Entrée. Coupez de petites asperges en petits pois : il n'en
faut prendre que le tendre, et ne point continuer à couper aussitôt que le couteau résiste. Lorsque vous en aurez
la valeur d'un litron et demi, mettez-les dans de l'eau
fraîche pour les laver plusieurs fois, crainte qu'elles ne
croquent ; vous les ferez blanchir un demi-quart-d'heure
à l'eau bouillante. Retirez-les à l'eau fraîche, et les faites
égoutter, ensuite vous les accommoderez de la même
façon que les pigeons aux petits pois, à cette différence
que vous mettrez dans le bouquet un peu de sariette et
deux clous de girofle.

PIGEONS A LA SAINTE-MENEHOULD.

Entrée. Prenez trois gros pigeons que vous viderez ; laissez-les foies ; troussez les pattes dans le corps ; faites-les
refaire et épluchez. Mettez dans une casserole gros comme
un œuf de beurre manié avec une pincée de farine, du
persil en branches, ciboules entières, deux oignons en
tranches, zestes de carottes et panais, une gousse d'ail
entière, trois clous de girofle, sel, poivre, une feuille
de laurier, thym, basilic : mouillez avec trois poissons
de lait. Faites bouillir, et ensuite vous y mettez les pigeons pour les faire cuire à très-petit feu pendant une
heure. Lorsqu'ils seront cuits, retirez-les pour les égoutter, enlevez le gras de la Sainte-Menehould pour les mettre sur une assiette ; trempez-y les pigeons, et les panez à
mesure ; faites griller de belle couleur, en les arrosant
avec elle restant du gras où vous les aurez trempés : servez
à sec. Vous mettrez une sauce rémoulade dans la saucière : la façon de la faire se trouve dans l'article des
SAUCES.

PIGEONS A LA PAYSANNE.

Entrée. Ayez quatre pigeons échaudés, que vous fendez
à moitié par le dos pour les aplatir un peu et leur élargir
estomac ; il faut trousser les pattes dans le corps ; en fen-
dant un peu la peau : on laisse les ailes et le cou si l'on
veut. On prend un quarteron de petit lard bien entre-lardé,

coupé en tranches, pour les faire suer dans une casserole avec une demi-douzaine de petits oignons blancs, jusqu'à ce qu'ils soient à moitié cuits; ensuite l'on y passe les pigeons, après y avoir mis une pincée de farine; on mouille avec un petit verre de vin blanc et autant d'eau; assaisonnez de gros poivre et autant de sel. La cuisson faite, la sauce courte, et un peu dégraissée, l'on y met une liaison de deux jaunes d'œufs avec de la crème.

PIGEONS EN PAPILLOTES.

Entrée. Ayez trois pigeons de moyenne grosseur, bien épluchés et vidés, coupez-les en deux pour les aplatir un peu avec le couperet; ensuite on les fait mariner avec de la bonne huile, persil, ciboules, échalottes, champignons, leurs foies, quelques feuilles de basilic; le tout haché très-fin, sel, gros poivre, et de petites tranches de lard; on met ensuite chaque moitié dans une demi-feuille de papier blanc, en mettant dessus et dessous des bandes de lard de leur assaisonnement; étant enveloppés, l'on met sur le gril une double feuille de papier bien graissée, les pigeons dessus, pour les faire cuire à très-petit feu. Quand le feu est trop vif, on l'abat avec la pelle; cuits d'un côté, on les retourne de l'autre. On les sert sans sauce dans leur papier.

PIGEONS A LA MARIANNE.

Entrée. Préparez trois pigeons comme les précédens; aplatissez un peu avec le couperet, et les mettez dans une casserole avec deux cuillerées d'huile, un verre de bouillon, sel, gros poivre, deux feuilles de laurier; faites-les cuire sur des cendres chaudes pour qu'ils bouillent bien doucement. Lorsqu'ils réfléchissent sous le doigt, pressez-les dans le plat que vous devez servir, après les avoir égouttés et essuyés de leur graisse. Otez les feuilles de laurier de la sauce, et la dégraissez: mettez-y un anchois haché, trois échalottes et une pincée de câpres, le tout haché, de la muscade, gros comme une noix de beurre manié d'une bonne pincée de farine: faites lier sur le feu, et servez dessus les pigeons.

PIGEONS ET FRICANDEAU.

Après avoir piqué tout le dessus de nos pigeons avec du lard fin, vous les ferez cuire et glacer comme le fricandeau de veau à la bourgeoise.

PIGEONS EN FRICASSÉE DE POULET.

Entrée. Coupez de gros pigeons en quatre morceaux, ou

des moyens par la moitié ; ensuite vous les ferez cuire de la même façon que la fricassée de poulet qui est expliquée ci-devant.

PIGEONS EN SURTOUT.

Entrée. Vous faites un ragoût comme aux pigeons à la bourgeoise ; réduit à courte sauce, mettez-le refroidir ensuite vous prenez le plat que vous devez servir, qui doit aller au feu. Mettez dans le fond une bonne farce de viande ; arrangez le ragoût de pigeons dessus ; couvrez-le ensuite de la même farce que dessous, de façon que l'on ne voie point le ragoût ; unissez-les avec un couteau trempé dans de l'œuf ; panez avec de la mie de pain ; faites cuire dessous un couvercle de tourtière jusqu'à ce qu'elle soit d'une belle couleur dorée ; égouttez-en la graisse. Servez dessus une bonne sauce d'un coulis clair.

PIGEONS A LA POELE.

Entrée. Plumez et videz de petits pigeons ; laissez-leur les pattes, et les faites refaire légèrement sur le feu ; passez-les dans une casserole avec un peu de bon beurre, persil, ciboules, champignons, une pointe d'ail, le tout haché, sel, gros poivre, ensuite vous les mettez avec tout leur assaisonnement dans une autre casserole foncée de tranches de veau que vous avez fait blanchir un instant à l'eau bouillante ; mettez-y un demi-verre de vin blanc ; couvrez-les de bardes de lard et d'une feuille de papier blanc ; mettez un couvercle sur la casserole, et les faites cuire à petit feu ; qu'ils ne fassent que mijoter ; ensuite vous dégraissez la cuisson ; mettez-y un peu de coulis pour la lier. Servez sur les pigeons.

PIGEONS EN HATELETS.

Entrée ou hors-d'œuvre. Vous vous servez d'un ragoût de pigeons que l'on a desservi de la table ; mettez dans le ragoût un morceau de beurre ; faites-le chauffer, et pour le mieux, mettez-y deux ou trois jaunes d'œufs ; ensuite vous embrochez le tout dans de petits hatelets ; faites tenir la sauce après ; panez-les et les faites griller de belle couleur. Servez sans sauce.

PIGEONS EN BEIGNETS.

Entrée. Servez-vous de ceux que l'on a desservis de la table ; coupez-les par la moitié, et leur faites prendre goût dans un assaisonnement ; mettez-les refroidir, ensuite vous les trempez dans une pâte avec de la farine ; vin

blanc, une cuillerée d'huile et du sel : faites-les frire.
Servez garnis de persil frit.

PIGEONS A LA DAUPHINE.

Entrée. Ce sont des petits pigeons échaudés que l'on fait
cuire entre des bardes de lard, un peu de bouillon : une
tranche de citron ; un bouquet, et vous les servez ensuite
avec ris de veau glacés comme des fricandeaux. Voyez
Fricandeau ci-dessus.

CHAPITRE IX.

DU GIBIER EN GENERAL.

Nous comprendrons sous le nom de gibier les faisans
et faisandeaux, les canards sauvages appelés oiseaux de
rivière.

Les sarcelles, les rouges, les albrans, les alouettes,
appelées mauviettes, les bécasses, les bécassines, les bécaux, les cailles et cailleteaux, les guinards, les ortolans,
les ramiers et ramereaux, les perdreaux rouges, les perdreaux gris, les merles, les grives, les gelinotes, les pluviers, les rouges gorges, les vanneaux.

SOUS LE NOM DE GIBIER A POIL.

Les lièvres et levrauts ; les lapins et lapereaux.

SOUS LE NOM DE VENAISON.

Le chevreuil, le daim, le faon, le cerf, la biche, le
sanglier et le marcassin.

VOICI LA FAÇON D'ACCOMMODER TOUTES SORTES DE GIBIER ET VENAISON.

Les faisans et fricandeaux se servent ordinairement
pour rôt.

Vous les videz et piquez, faites-les cuire à la broche,
et les servez de belle couleur.

Vous les servez aussi en entrée de broche : pour lors
vous les faites cuire à la broche avec une petite farce de
leurs foies, que vous faites en les hachant avec lard râpé,
persil, ciboules hachées, sel, gros poivre : enveloppez-les
de bardes de lard et de papier, et les servez avec une

sauce à la provençale ; ou autre petite sauce dans le goût
nouveau.

Vous en faites aussi des pâtés chauds et froids, ou
terrines.

DES CANARDS SAUVAGES ; MANIÈRE DE LES SERVIR.

Les canards sauvages, ou oiseaux de rivière (la femelle
estimée la meilleure), se servent ordinairement pour
rôt, sans être piqués ni bardés, après les avoir flambés
et vidés.

Vous en faites aussi des entrées étant cuits à la broche,
et refroidis, vous en tirez des filets que vous mettez à
différentes sauces, comme aux jus d'oranges, aux anchois
et câpres, et salmis que vous trouverez à l'article des
ALOUETTES.

DES ROUGES, SARCELLES ET ALBRANS ; MANIÈRE DE
LES ACCOMMODER.

Les sarcelles se font aussi cuire à la broche, flambées,
et vidées, sans être piquées ni bardées ; et ne servent pour
rôt.

Si vous voulez les mettre en entrée, enveloppez-les de
papier, et les servez avec un ragoût d'olives, ragoût de
montans de cardons, aux navets, aux truffes, ou sauce à
la rocambole.

Les rouges se servent ordinairement pour un excellent
plat de rôt, après les avoir flambés et vidés.

Les albrans se mangent comme les sarcelles.

ALOUETTES DE PLUSIEURS SORTES.

Les alouettes se mettent cuire à la broche, piquées, ou
bardées, moitié l'un, moitié l'autre. Vous ne les videz
point, et mettez dessous les rôties de pain pour en avoir
ce qui tombe.

Servez les alouettes sur les rôties pour un plat de rôt.

Elles se mettent aussi de plusieurs façons pour entrée.

Elles se servent en tourte. Pour lors, vous les videz ;
ôtez-en le gésier ; mettez le reste, avec du lard râpé,
dans le fond de la tourte, et mettez dessus les alouettes,
après leur avoir ôté les pâtes et la tête, et que vous les
avez passées sur le feu dans une casserole avec un peu de
bon beurre, persil, ciboules, champignons, une pointe
d'ail, le tout haché, et les laissez refroidir.

Vous finirez la tourte comme il sera expliqué à l'article
général des TOURTES.

ALOUETTES EN SALMIS A LA BOURGEOISE.

Hors-d'œuvre. Elles se servent en salmis à la bourgeoise quand elles sont cuites à la broche. Vous vous servez de celles que l'on a desservies de la table ; vous leur ôtez les têtes et ce qu'elles ont dans le corps. Jetez le gésier, et servez-vous du reste avec les rôties. Pilez le tout dans un mortier ; délayez ce que vous avez pilé avec un peu de bon bouillon ; passez-le à l'étamine, et assaisonnez ce petit coulis de sel, gros poivre, un peu de rocambole écrasée, un filet de verjus. Faites chauffer dedans les alouettes sans qu'elles bouillent, et servez garnies de croûtons frit.

Toutes sortes de salmis à la bourgeoise se font de la même façon, en prenant les débris ou les carcasses pour les faire piler.

DES ALOUETTES EN RAGOÛT.

Entrée. Ayez une douzaine d'alouettes, que vous plumez, flambez et videz. Troussez les pattes pour les faire passer dans le bec, comme pour rôt. Passez-les dans une casserole sur le feu avec un morceau de beurre, un bouquet garni, des champignons, un ris de veau ; mettez-y une bonne pincée de farine. Mouillez avec un verre de vin blanc, bouillon et du jus ce qu'il en faut pour donner couleur. Faites bouillir et réduire au point d'une sauce liée. Dégraissez et assaisonnez de sel, gros poivre. Ce même ragoût étant desservi de la table pour se mettre en caisse. Vous foncez le plat que vous devez servir avec une bonne farce de viande. Mettez le ragoût dessus, couvrez-le avec de la même farce. Unissez avec un couteau trempé dans de l'œuf ; panez de mie de pain. Faites cuire dessous un couvercle de tourtière ; ensuite vous égoutterez la graisse, et mettrez dans le fond une sauce d'un jus clair.

DES RAMIERS ET RAMEREAUX.

Les ramiers et ramereaux sont une espèce de pigeons uvages qui se servent pour d'excellens plats de rôt.

Les piquez et faites cuire de belle couleur ; vous en faites aussi des entrées de plusieurs façons. Vous n'avez qu'à consulter l'article des Pigeons.

DES PERDREAUX ; COMMENT LES DISTINGUER DES PERDRIX.

Les perdreaux gris se distinguent d'avec la perdrix, lorsqu'ils ont la première plume de l'aile pointue, le bec noir et les pattes noires, vous êtes sûr qu'ils sont jeunes. Pour la bonté, il faut distinguer la fraîcheur et le bon fumet.

Les perdreaux rouges se distinguent à la première plume de l'aile, il faut qu'elle soit pointue, et tant soit peu blanche au bout.

MANIÈRE D'ACCOMMODER LES PERDREAUX ET LES PERDRIX.

Les perdreaux se servent pour rôt : vous plumez, videz et piquez. Faites les cuire de belle couleur.

Si vous voulez les servir pour entrée, vous les flambez, videz, et faites une petite farce de leurs foies avec du lard râpé, un peu de sel, persil et ciboules hachés; mettez cette farce dans le corps; cousez l'ouverture pour que rien ne sorte, et leur troussez les pattes sur l'estomac; faites-les refaire dans une casserole sur le feu, avec un peu de beurre; faites-les cuire à la broche enveloppés de lard et de papier.

Quand ils sont cuits, vous les servez avec telle sauce ou ragoût que vous jugez à propos, comme sauce à la carpe, sauce à l'espagnole, sauce au zeste d'oranges, sauce à la sultane, ragoût de truffes, ragoût de montans de cardons d'Espagne, ragoût d'olives, ragoût de salpicon.

Vous trouverez les autres sauces à l'article des SAUCES et les ragoûts à l'article des RAGOUTS. Vous mettez aussi les perdreaux sur la grille en papillotes.

DES VIEILLES PERDRIX.

Elles se font toujours cuire à la braise; que vous faites comme celle de la langue de bœuf, y ajoutant du vin blanc. Quand elles sont cuites, vous les mettez en terrine avec un coulis de lentilles et petit lard. VOYEZ Poitrine de veau aux choux et au petit lard. Faites-la de même, mais ne faites point blanchir vos perdrix.

Vous les servez aussi avec un ragoût de marrons, un ragoût d'olives, de truffes, de montans de cardons d'Es- pagne.

Elles se mettent aussi en pâté chaud et froid, cuites dans le pot, pour garnir le milieu d'un potage.

Les perdreaux rouges se préparent et se servent de la même façon que les perdreaux et perdrix grises.

DES BÉCASSES, BÉCASSINES ET BÉCAUX.

Ils se servent tout cuits à la broche pour rôt; vous les servez piqués ou bardés avec feuilles de vignes sous la barde; vous ne les videz point. Mettez dessous des rôties de pain en cuisant, pour en recevoir ce qui tombe, et servez dessus les rôties.

Vous en faites aussi des salmis; quand elles sont cuites et refroidies. *Voyez* ci-devant Alouettes en salmis à la bourgeoise.

Si vous voulez les faire avec entrées, pour lors, quand elles sont plumées et flambées, vous les fendez par derrière pour les vider. Vous vous servez de tout, hors du gésier; hachez le reste, et le mêlez avec du lard râpé, ou un morceau de beurre, persil, ciboules hachées, un peu de sel : mettez cette farce dans le corps et cousez l'ouverture; troussez les bécasses, et les faites cuire à la broche enveloppées de lard et de papier.

Quand elles sont cuites, servez-les avec sauce ou ragoût comme aux perdreaux.

Les bécasses et les bécaux se servent de même.

Vous en faites aussi des tourtes : pour lors vous les videz et faites une petite farce, comme ci-dessus, que vous mettez au fond de la tourte, et finissez comme il sera expliqué à l'article des Tourtes.

DES CAILLES ET CAILLETEAUX.

Ils se servent cuits à la broche pour rôt.

Vous les plumez, videz et faites refaire sur de la braise; enveloppez-les de feuilles de vigne et bardes de lard; faites-les cuire et servez de belle couleur.

Si vous voulez les mettre en entrée, faites-les cuire dans une braise; faites avec des tranches de veau, un bouquet garni, bardes de lard, un peu de bon beurre, très-peu de sel, un demi-verre de bon vin blanc, une cuillerée de bouillon; faites-les cuire à très-petit feu.

Quand ils sont cuits, retirez-les, et mettez dans leur cuisson un peu de coulis; dégraissez la farce, et la passez au tamis; goûtez si elle est assaisonnée de bongoût. Servez dessus les cailles et cailleteaux.

En faisant cuire les cailles de cette façon, vous pouvez les garnir d'écrevisses ou de ris de veau, que vous faites cuire avec les cailles.

Elles se servent aussi aux choux, garnies de petit lard ou au coulis de lentilles comme les perdrix.

CAILLES AU LAURIER.

Entrée. Il faut les flamber et vider : hachez les foies que vous mêlez avec persil, ciboules, un morceau de beurre, sel, gros poivre; remettez-les dans le corps, et faites cuire à la broche enveloppées de papier. Faites bouillir un demi-quart-d'heure, dans l'eau, quatre ou cinq feuilles de laurier, et les mettez ensuite faire un bouillon dans une sauce de coulis de veau : servez dessus les cailles.

CAILLES AUX CHOUX.

Entrée. Faites-les cuire comme il est marqué pour poitrine de veau, à cette différence que vous ne feri point blanchir les cailles.

CAILLES AU GRATIN.

Entrée. Prenez six ou sept cailles, que vous flambez et videz; passez-les dans une casserole sur le feu avec un morceau de beurre, un bouquet de persil, ciboules, une demi-gousse d'ail, deux clous de girofle, une demi feuille de laurier, thym, basilic, des champignons; mettez-y une bonne pincée de farine: mouillez-les avec un verre de vin blanc, du bouillon et du jus ce qu'il en faut pour donner couleur, sel, gros poivre. A moitié de la cuisson, vous y mettez un ris de veau blanchi et coupé en gros dés; achevez de cuire, et faites réduire au point d'une sauce liée. Votre ragoût étant fini, de bon goût et bien dégraissé, vous le servez dessus au gratin fait de cette façon : hachez le foie des cailles avec persil, ciboules, et mêlez avec un peu de mie de pain, un morceau de beurre, sel, gros poivre, deux jaunes d'œufs; prenez le plat que vous devez servir ; mettez cette petite farce dans le fond, et le mettez ensuite sur un petit feu jusqu'à ce que cette farce soit gratinée; servez ensuite le ragoût dessus.

CAILLES AU SALPICON.

Entrée. Faites cuire des cailles à la broche ou dans une petite braise, et vous les servirez ensuite avec un ragoût au salpicon, que vous trouverez ci-après, à l'article des RAGOUTS.

DES ORTOLANS GUIGNARDS ET GELINOTES.

Les ortolans, sont des petits oiseaux très-délicats et excellens : l'on en voit peu à Paris. Ils se servent pour rôt.

Les guignards et gelinotes sont aussi peu communs Paris : Ils se servent aussi pour rôt.

DES GRIVES

Rôt. Vous les plumez et les faites refaire sans les vider elles se servent cuites à la broche, avec des rôties dessous comme des mauviettes.

Les merles se servent aussi de même ; il ne faut point
vider.

DES PLUVIERS

Rôt. Ils sont excellens quand ils sont gras ; vous e
plumez. et piquez sans les vider; faites-les cuire à la br o-
che avec des rôties de pain dessous; quand ils sont cui ts
d'une belle couleur dorée, servez les rôties dessous.

Si vous voulez les servir pour entrée de broche , faites
une farce de ce qu'ils ont dans le corps, comme il est
expliqué à l'article des Bécasses; faites-les cuire de même
sauce et même ragoût.

Si vous voulez les servir à la braise, faites-les cuire
comme les cailles , et les servez de la même façon.

DES VANNEAUX.

Ils se font cuire à la broche pour rôt , et se servent
comme le canard sauvage.

DES ROUGES-GORGES.

Oiseaux excellens. Ils se servent pour rôt , comme les
ortolans.

DU GIBIER A POIL.

Les levrauts se servent pour rôt. Otez la peau et les
videz; faites les refaire sur de la braise , et les piquez.

Quand ils sont cuits, vous les servez avec une sauce
au vinaigre, poivre et sel, que vous servez dans une
saucière.

Si vous voulez les mettre en entrée, quand ils sont cuits
et refroidis, vous tirez des filets , que vous mettez dans
une poivrade liée; et servez pour entrée.

Vous les servez aussi au filet dans une sauce à l'échalotte
ou différentes sauces piquantes.

Les lièvres se mettent en civet. Vous les coupez par
membres: gardez-en le sang , s'il y en a; faites-les cuire
dans une casserole avec un morceau de beurre ; un bouquet bien garni, passez sur le feu ; mettez-y une pincée
de farine, et mouillez avec du bouillon, une chopine de
vin blanc; assaisonnez de sel, poivre. Quand il est cuit,
si vous avez de son sang, mettez-le dedans, et faites lier
la sauce sur le feu comme une liaison , et servez à courte
sauce.

Vous faites aussi des pâtés de lièvre des gâteaux de
lièvre.

PATÉ DE LIÈVRE À LA BOURGEOISE.

Dépouillez le lièvre, gardez-en le sang : après l'avoir vidé, coupez-le par membres; et le lardez partout avec de gros lardons; roulez dans le sel, persil, ciboules, ails : le tout haché; mettez-le après dans une petite marmite avec un demi-verre d'eau-de-vie, un morceau de beurre, faites-le cuire à petit feu. Quand il est cuit, et qu'il n'y a presque point de sauce, mettez-y le sang; faites-le chauffer sans qu'il bouille; dressez le lièvre dans ce que vous devez servir; servez le tout ensemble pour qu'il ne paraisse faire qu'un seul morceau. Servez ce paté froid pour entremets.

LIÈVRE EN HARICOT.

Entrée. Dépouillez un lièvre et le videz; gardez-en le foie; après avoir ôté l'amer, coupez-le par morceaux ; et mettez le tout dans une casserole avec un morceau de beurre; un bouquet de persil, ciboules; une gousse d'ail, trois clous de girofle, deux échalottes, une feuille de laurier, thym, basilic; passez-le sur le feu; mettez-y plein une cuiller à bouche de farine; mouillez avec un demi-setier de vin blanc, deux cuillerées de vinaigre, deux ou trois verres d'eau ou de bouillon ; faites cuire une heure. Ensuite vous avez des navets coupés proprement; faites-les blanchir un demi-quart-d'heure à l'eau bouillante, et les mettez cuire avec le lièvre; assaisonnez de sel, gros poivre; achevez de faire cuire et réduire à courte sauce; ôtez le bouquet. Servez chaudement. Si le lièvre est tendre, il faut mettre les navets en même temps.

FILET DE LIÈVRE EN CIVET.

Entrée ou Hors-d'œuvre. Vous prenez un lièvre rôti, que l'on a desservi de la table, levez-en toutes les chairs, et les coupez en filets, concassez un peu les os, et les mettez avec les flancs dans une casserole; avec gros comme la moitié d'un œuf de beurre, quelques oignons en tranches, une gousse d'ail, une feuille de laurier, deux clous de girofle, passez-les sur le feu, et y mettez une bonne pincée de farine, mouillez avec un verre de bouillon et deux verres de vin rouge, sel, poivre : faites bouillir une demi-heure et réduire à moitié; passez la sauce au tamis, mettez-y les filets de lièvre avec un peu de vinaigre; faites chauffer sans bouillir.

LEVRAUT AU SANG.

Entrée. En dépouillant et vidant un levraut prenez

garde d'en perdre le sang, que vous mettez à part, coupez-le par membres, et lardez de gros lard, si vous voulez, mettez-le dans une casserole avec le foie et gros comme un œuf de beurre, un bouquet de persil, ciboules, une gousse d'ail, deux échalottes, trois clous de girofle, une feuille de laurier, thym, basilic; passez-les sur le feu, et y mettez une bonne pincée de farine; mouillez avec trois verres de bouillon, un demi-setier de vin rouge, une cuillerée de vinaigre, sel, gros poivre; faites bouillir jusqu'à ce que le levrant soit cuit, et qu'il reste peu de sauce. Prenez le foie qui est cuit, écrasez-le bien, et le mêlez avec le sang que vous avez gardé. Quand vous êtes prêt à servir, mettez-y le sang pour faire lier sur le feu sans bouillir; ainsi qu'une liaison de jaunes d'œufs; ensuite vous y jeterez une demi-poignée de câpres fines entières, et servirez chaudement.

FILETS DE LIÈVRE A LA POIVRADE.

Hors-d'œuvre ou entrée. Prenez un lèvre ou levrant qui ait été cuit à la broche, et que l'on a desservi de la table; vous en lèverez les chairs pour les couper par filets : si vous n'en avez pas assez pour garnir un plat, vous laisserez les os et couperez les morceaux gros et égaux ; mettez les dans une casserole avec une sauce à la poivrade de haut goût ; faites-les chauffer sans bouillir. Servez chaudement. Vous trouverez la sauce à l'article des SAUCES.

DES LAPINS ET LAPEREAUX, COMMENT CON-NAITRE LES JEUNES.

Pour connaître un lapereau d'avec un lapin, il faut le tâter sur le dehors des pattes de devant, au-dessus du joint. Si vous y trouvez une grosseur comme une petite lentille c'est une marque qu'il est jeune.

Vous les connaissez encore à la tête, parce qu'ils ont le nez plus pointu et l'oreille plus tendre : cette remarque n'est point si sûre que celle de la patte.

Pour le fumet, il faut le flairer au ventre, et l'usage vous apprendra à connaître les bons.

Vous connaissez le levrant d'avec le lièvre de la même façon.

DES LAPINS ET LAPEREAUX DE PLUSIEURS FAÇONS.

Les lapereaux se servent pour rôt ; vous les dépouillez et videz, et faites refaire sur de la braise. Il faut les piquer et faire cuire à la broche : servez-les de belle couleur.

Ils vous servent aussi à beaucoup d'entrées différentes,

comme en fricassée de poulet. Coupez-les par membres ;
et les faites dégorger long-temps dans de l'eau : faites-les
cuire comme la poitrine de veau en fricassée de poulet.

Vous en servez aussi mariné en hors-d'œuvre. Après les
avoir coupés par membres, faites-les mariner comme la
cervelle de bœufs ; servez de même.

LAPINS AU COULIS DE LENTILLES.

Entrée. Coupez-les par membres, et les faites cuire avec
bon bouillon ; du petit lard et un bouquet garni, sel et
poivre fort peu.

Vous faites aussi cuire un litron de lentilles à la reine,
avec du bouillon sans sel. Quand elles sont cuites vous
les passez à l'étamine avec leur bouillon ; retirez ensuite
le lapin et le petit lard de sa cuisson, et passez ce bouillon
dans le coulis de lentilles ; faites-le réduire après sur le
feu, jusqu'à ce que vous jugiez assez lié pour le servir.

Faites chauffer le lapin et le petit lard dans une terrine, et servez s'il est de bon goût.

LAPIN A LA BOURGEOISE.

Entrée. Coupez-le par membres, et le mettez dans une
casserole avec un morceau de beurre, un bouquet garni
des champignons et culs d'artichauts blanchis ; passez le
tout sur le feu : mettez-y une pincée de farine ; mouillez
avec du bouillon, un verre de vin blanc, sel, poivre.

Quand il est cuit, et qu'il n'y a plus de sauce ; mettez-y
une liaison de trois jaunes d'œufs délayés avec du bouillon, un peu de persil haché : servez assaisonné de bon
goût.

Les lapins se servent comme les lapereaux, si c'est pour
ragoût, où ils ont le temps de cuire.

Ils ne sont pas bons pour la broche, ni marinés, ni en
papillotes et en caisses.

LAPIN EN MATELOTE.

Entrée. Coupez un lapin par membres ; faites un petit
roux avec une petite cuillerée de farine et un morceau
de beurre ; mettez-y les membres du lapin avec le foie ;
passez-les et mouillez avec un verre de vin rouge, deux
verres d'eau et du bouillon, un bouquet de persil, ciboules, une gousse d'ail, deux clous de girofle, thym,
laurier, basilic, sel, gros poivre ; faites cuire à petit feu :
une demi-heure après, vous y mettrez une douzaine de
petits oignons blanchis. Si vous voulez y mettre une anguille coupée par tronçon, vous ne la mettrez que lorsque
le lapin sera cuit aux trois quarts. Avant de servir, ôtez

le bouquet, dégraissez la sauce, et y mettrez une grande
pincée de câpres entières, un anchois haché. Servez
avec des croûtons passés au beurre; arrosez le tout avec
la sauce.

LAPEREAUX EN HACHIS.

Hors-d'œuvre. Prenez les restes de lapereaux rôtis que
l'on a desservis de la table, levez-en toute la chair, mettez avec un peu de mouton rôti; hachez le tout ensemble.
Prenez les os des lapereaux, que vous coupez en petits
morceaux; mettez-les dans une casserole avec un peu de
beurre, quelques échalottes, une demi-gousse d'ail, thym,
laurier, basilic; passez-le sur le feu, et y mettez deux
bonnes pincées de farine; mouillez avec un verre de vin
rouge, autant de bouillon: faites bouillir une demi-heure
à petit feu, passez la sauce au tamis, et y mettez la viande
hachée, avec sel, gros poivre: faites chauffer sans bouillir; servez chaudement. Vous garnissez, si vous le voulez,
le tout de hachis; avec des croûtons frits comme ceux des
épinards.

FILETS DE LAPEREAUX AUX CONCOMBRES.

Hors-d'œuvre ou entrés. Prenez deux gros concombres
que vous coupez en petites tranches, le plus mince que
vous pourrez. Mettez-les dans une casserole avec deux
cuillerées de vinaigre et du sel. Faites-les mariner deux
heures en les retournant de temps en temps. Quand ils
auront rendu leur eau, vous les presserez fort qu'il ne
reste point d'eau. Mettez-les dans une casserole avec un
morceau de beurre, un bouquet de persil, ciboules, une
gousse d'ail, deux échalottes, une feuille de laurier,
thym, basilic. Passez-les sur le feu, en les tournant souvent jusqu'à ce qu'ils soient un peu colorés. Mettez-y
deux pincées de farine; mouillez avec deux verres de
bon bouillon. Laissez cuire à petit feu une bonne demi-
heure, et que le ragoût soit un peu lié. Ôtez le bouquet,
et y mettez des filets de lapereaux amincis, coupés
comme les concombres; faites chauffer sans bouillir; assaisonnez de sel, gros poivre, et servez. Pour les filets,
vous prenez les restes des lapereaux que l'on a desservis de
la table.

FILETS DE LAPEREAUX EN SALADE.

Hors-d'œuvre. Prenez de la mie de pain que vous coupez
proprement comme de gros lardons de lard, et mettez-
les dans une casserole pour les passer sur le feu avec du
beurre jusqu'à ce qu'ils soient d'une belle couleur dorée

mettez-les égoutter. Vous avez des restes de lapereaux cuits à la broche, que l'on a desservis de la table; levez-en toute la chair pour la couper en gros filets. Prenez le plat que vous devez servir; arrangez proprement dessus les filets de pain, ceux des lapereaux, et deux anchois bien lavés et coupés en très-petits filets, et des câpres entières Si vous avez des petits oignons blancs cuits dans le pot, vous les mettez, et entremêlez le tout l'un avec l'autre le plus proprement que vous pourrez en dessein, et l'assaisonnez de sel, gros poivre, huile et vinaigre. Ordinairement on ne les assaisonne que sur la table.

LAPINS AUX PETITS POIS.

Entrée. Coupez-les par morceaux, et les faites cuire comme les poulets aux petits pois, que vous trouverez ci-devant.

LAPINS EN PAPILLOTES.

Hors-d'œuvre ou entrée. Prenez un lapereau tendre, que vous coupez par membres; mettez-les mariner avec persil, ciboules, champignons, une pointe d'ail, le tout haché, sel, gros poivre, de l'huile fine. Enveloppez chaque morceau avec de leur assaisonnement, une petite barde de lard dans du papier blanc. Beurrez ou huilez le papier en dehors; faites cuire à très-petit feu sur le gril, en mettant encore une autre feuille de papier graissée dessous: servez avec le papier.

LAPIN EN GATEAU.

Entrée. On ôte toute la chair d'un lapin, on coupe celle des filets et des cuisses en tranches fort minces, et on hache le reste avec le foie; dont on fait une farce; l'on mêle avec une poignée de mie de pain desséchée sur le feu, et une chopine de lait, jusqu'à ce qu'elle soit bien épaisse. On y ajoute trois jaunes d'œufs crus, environ un bon quarteron de lard râpé, persil, ciboules, deux échalottes, deux feuilles de basilic, le tout haché très-fin, sel, gros poivre. On prend une casserole de moyenne grandeur, où l'on met dans le fond des bardes de lard, ensuite des filets de lapins que l'on couvre de cette farce; on remet une couche de filets, l'on continue à mettre de la farce: il faut que la dernière couche soit de filets, que l'on couvre de bardes de lard; on fait cuire à très-petit feu entre deux cendres chaudes; on fait bouillir les os du lapin à part avec un demi-setier de vin blanc, deux ou trois cuillerées de coulis, autant de bouillon. La sauce de bon goût et assez réduite, on la passe au tamis pour la servir sur le gâteau, quand on a ôté les bardes de dessus et dessous.

LAPEREAUX EN GITE.

Entrée. Farcissez deux lapereaux avec leurs foies, un morceau de beurre, persil, ciboules, champignons, le tout haché, sel, gros poivre; cousez-les et troussez les pattes dessous le ventre, et celles de-devant sous le nez, mettez-y des brochettes pour les faire tenir: faites-les cuire avec un verre de vin-blanc, du bouillon, un bouquet garni, sel, gros poivre. Lorsqu'ils sont cuits, passez la sauce au tamis; dégraissez-la et mettez-y un peu de coulis; faites réduire au point d'une sauce; dressez des lapereaux comme s'ils étaient en gîte.

LAPEREAUX EN CAISSE.

Entrée. Coupez-les par membres; faites-les cuire en ragoût, et vous les finirez comme les pigeons et surtout, que vous trouverez ci-devant.

LAPEREAUX AUX FINES HERBES.

Entrée. Coupez-les par membres et les mettez dans une casserole avec persil, ciboules, champignons, une gousse d'ail, le tout haché, un morceau de beurre, thym, laurier, basilic haché comme en poudre; passez-les sur le feu; mettez-y une pincée de farine: mouillez avec un verre de vin blanc, un peu de jus et du bouillon, sel, gros poivre: faites cuire et réduire au point d'une sauce. Quand vous êtes prêt à servir, prenez les foies qui ont été cuits avec la fricassée, écrasez-les et les mettez dans la sauce.

LAPEREAUX AU GRATIN.

Entrée. Faites-les cuire comme les précédens, à cette différence que les fines herbes doivent être en bouquet et point hachées; vous les servirez sur un gratin fait comme celui des cailles au gratin, ci-devant.

LAPEREAUX A L'ESPAGNOLE.

Entrée. Faites-les cuire, étant coupés par membres avec un demi-verre de vin blanc, un peu de bouillon, un bouquet garni, sel, poivre, ensuite vous les servirez avec une sauce à l'espagnole que vous trouverez à l'article des Sauces.

LAPEREAUX EN HATELET.

Entremets ou entrée. Coupez-les par membres, et les faites cuire avec un demi-verre de vin blanc, du bouillon; un bouquet garni, gros poivre. Lorsqu'ils sont cuits, faites réduire la sauce pour qu'elle s'attache après la viande: mettez refroidir; embrochez les à de petites brochettes; trempez-les dans de l'œuf battu; panez-les, et les trempez dans de la graisse pour les paner une seconde fois; faites-les griller de belle couleur : servez à sec avec les brochettes.

LAPEREAUX EN TORTUE.

Entrée. Videz un lapin, laissez le foie et ôtez l'amer : désossez le lapin seulement dans le milieu du râble; faites un trou à la peau pour y faire passer la moitié du devant du lapin; il se trouvera renversé, et prendra la figure d'une tortue; ficelez-le, et le mettez cuire avec un verre de vin blanc, un peu de bouillon, un bouquet de persil, ciboules, une gousse d'ail, deux clous de girofle, thym, laurier, basilic, sel, gros poivre. La cuisson faite, passez-la au tamis, dégraissez-la, et mettez un peu de coulis pour la lier; faites réduire au point de sauce : servez sur le lapin.

DE LA VIANDE NOIRE APPELÉE VENAISON.

La viande noire comprend le chevreuil, le daim, le sanglier, le marcassin, le cerf, la biche, le faon.

Le cerf, la biche, le chevreuil, le daim, le faon se préparent tous de la même façon. Les quartiers de devant et de derrière se servent marinés et cuits à la broche : la marinade se fait avec vinaigre, sel, gros poivre, un peu d'eau.

Vous le servez aussi en bœuf à la mode, en pâté froid, et en pâté en pot.

DU SANGLIER ET DU MARCASSIN.

La hure, qui sert à faire un entremets froid des plus estimés, se fait cuire comme la hure de cochon. Les pieds se mettent à la Sainte-Menehould comme les pieds de cochon, le reste comme le filet.

Les quartiers de derrière et devant se servent cuits à la broche, après les avoir fait mariner en pâté froid, en civet, en bœuf à la mode, et en pâté en pot.

Le marcassin se sert piqué pour un beau plat de rôt.

HACHETTE DE TOUTES SORTES DE VIANDE CUITES A LA BROCHE.

Prenez de la viande cuite à la broche, telle que vous aurez, soit viande de boucherie, ou volaille, ou gibier. Vous la couperez par tranche fort minces, mettez-la dans une casserole avec une pincée de persil, ciboules, échalottes, champignons, le tout haché, un peu de bouillon, sel, gros poivre. Faites mijoter le tout sur le feu pendant un quart-d'heure. Prenez le plat que vous devez servir; mettez-y un peu de la sauce de votre viande avec de la mie de pain; arrangez votre viande sur de la mie de pain, et remettez sur la viande encore un peu de mie de pain. Faites attacher sur un feu doux, jusqu'à ce qu'il se fasse un petit gratin au fond du plat, vous mettez ensuite le reste de la sauce avec un filet de verjus.

CHAPITRE X.

DU POISSON DE MER ET D'EAU DOUCE.

Après la description des viandes terrestres, dont je viens de démontrer l'usage, il est temps de passer à celles qui nous servent les jours maigres, par la variété des poissons, tant de mer que d'eau douce, et les changemens que l'on en peut faire pour diversifier nos tables. Je commencerai par la marée, comme celle qui nous fournit avec plus d'abondance, le turbot, la barbue, le saumon, l'esturgeon, l'alose, le cabillaud ou morue fraîche, la raie, la merluche, la morue salée, la limande, le carrelet, la sole, la plie, le mulet ou surmulet, l'éperlan, le maquereau, le thon et la thontine, la vive, la marcreuse, la sardine, le rouget, le hareng frais, le merlan, l'anchois, le bar, le vaudreuil, la lubine.

EN COQUILLAGES.

L'écrevisse de mer, les homards, les moules, les huîtres.

DU TURBOT ET BARBUE ; COMMENT LES ACCOMODER.

Ils se préparent l'un et l'autre de la même façon.

Rôt. Vous le faites cuire dans une casserole de la grandeur de votre poisson moitié saumure et moitié lait.

mettez-en suffisamment pour que votre poisson trempe; faites-le bouillir très-doucement, qu'il ne fasse que frémir sur les bords; autrement le poisson se romprait. Quand il fléchit sous les doigts, votre poisson est cuit. Servez-le à sec sur une serviette, garni de persil vert autour, pour un plat de rôt.

Entrée. Si vous voulez le servir pour entrée, si c'est en maigre, vous le mettez dans le plat que vous devez servir; mettez dessus une sauce à l'huile. Vous versez dans une casserole de l'huile fine, sel, gros poivre, un filet de vinaigre; faites chauffer sans qu'elle bouille, et servez dessus le turbot.

TURBOT AUX CAPRES.

Mettez dans une casserole un bon morceau de beurre, une pincée de farine, sel, gros poivre, un anchois lavé et haché et des câpres fines; remuez la sauce sur le feu jusqu'à ce qu'elle soit liée sans qu'elle bouille, et servez dessus le turbot.

Vous pouvez aussi le servir avec une sauce à la béchamelle.

Faites réduire trois demi-setiers de crème à moitié; mettez-y un peu de sel, et servez dessous le turbot.

Vous le servez encore dans une sauce hachée maigre ou avec un ragoût d'écrevisses.

TURBOT ET BARBUE EN GRAS ET MAIGRE.

Si vous voulez les faire cuire de la même façon qu'en maigre, ils seront plus naturel et coûteront moins.

Vous mettez dessus différentes sauces grasses, comme sauce à l'espagnole, sauce hachée, sauce au vin de Champagne, ou ragoût de crêtes, ragoût de ris de veau, et petits œufs, ragoût au salpicon, ragoût d'huîtres, de truffes, de mousserons.

POUR LE FAIRE CUIRE EN MAIGRE; FAITES UNE SAUMURE DE CETTE FAÇON.

Mettez dans une casserole une bonne poignée de sel, une pinte d'eau, ail, racines, oignons, toutes sortes de fines herbes, persil, ciboules, girofle; faites bouillir le tout ensemble à petit feu une demi-heure; laissez-le reposer après, et le tirez au clair; passez-le au tamis; vous mettrez après deux fois autant de lait dans cette saumure, et faites cuire votre poisson dedans à très-petit feu qu'il ne fasse que frémir.

Toutes sortes de courts-bouillons blancs pour le poisson se font de la même façon.

TURBOT ET BARBUE CUITS AU GRAS.

Mettez-le dans une turbotière avec de bonnes tranches de veau, sel, poivre, un bouquet garni de toutes sortes de fines herbes, et le couvrez partout de bardes de lard ; faites suer à pètit feu, et mettez après un verre de vin de Champagne. Quand le poisson est cuit, vous le servez avec différentes sauces grasses ou ragoûts.

SI VOUS VOULEZ LE SERVIR DANS SON NATUREL

Entrée. Quand il est cuit, vous le dressez dans le plat que vous devez servir, vous passez sa cuisson au tamis ; dégraissez-la, et mettez dedans deux cuillerées de coulis.

Si elle est trop longue, faites-la réduire : servez dessus le turbot.

Si vous le servez de cette façon, ne mettez qu e très-peu de sel dans sa cuisson.

TURBOT ET BARBUE GLACÉS.

Entrée. Vidé et lavé, on pique tout le dessus du lard fin : on le fait cuire très-doucement à petit feu entre des bardes de lard, un peu de vin de Champagne, sel, un bouquet de fines herbes. L'on met dans un autre vaisseau de la rouelle de veau coupée en dés, avec deux tranches de jambon, que l'on fait cuire avec du bouillon jusqu'à ce que cette sauce ait de la consistance ; passée au tamis au moment de servir, on la fait réduire en glace, que l'on prend vec des plumes pour mettre sur tout le reste du turbot ; on met ensuite un bon coulis dans la casserole où l'on ait la glace : on détache ce qui reste en faisant chauffer : n y presse un jus de citron avant de servir. Il faut remarquer que pour tout ce que l'on sert glacé ou en fricandeau, l'on met toujours la sauce dessous.

DU SAUMON FRAIS; COMMENT L'ACCOMMODER.

Il se coupe en tranches ou bardes ; vous le faites mariner avec un peu d'huile ou de bon beurre, sel, poivre ; faites le griller, en l'arrosant de sa marinade, et servez dessus des sauces ou ragoûts ; comme il est expliqué pour le turbot.

Vous le servez aussi cuit au court-bouillon avec les mêmes sauces ou ragoûts.

Rôt. Si vous le servez pour un plat de rôt, vous ne l'écaillerez point ; quand il sera cuit, mettez-le à sec sur une serviette, et du persil vert autour.

Entrée. Si c'est pour entrée, il faut l'écailler et laisser le morceau entier, comme pour rôt. Le court-bouillon, pour le faire cuire, se fait en mettant dans une petite marmite, suivant comment votre morceau de poisson est gros, du vin blanc, du bouillon maigre, racines, oignons, en tranches, un bouquet garni, sel, poivre, un morceau de beurre : ficelez votre poisson et le faites cuire dans ce court-bouillon.

Toutes sortes de poissons au court-bouillon se font cuire de même.

SAUMON EN CAISSE.

Entrée. Prenez deux tranches de saumon frais de l'épaisseur d'un bon demi-doigt : mettez-les mariner une heure avec de l'huile fine, persil, ciboules, un peu de champignons, une demi-gousse d'ail, une échalotte, le tout haché très-fin, une demi-feuille de laurier, thym, basilic, hachés comme en poudre, sel, gros poivre : ensuite vous faites une caisse de papier blanc de la grandeur des deux tranches de saumon ; faites-les dessous avec de l'huile, et les mettez sur un plat : mettez le saumon dans la caisse avec tout son assaisonnement ; panez-les dessus avec de la mie de pain ; mettez cuire au four, ou mettez le plat sur un petit fourneau avec un couvercle de tourtière et du feu dessus. Quand le saumon sera cuit, et le dessus d'une belle couleur dorée, vous y mettez un grand jus de citron en servant. Si vous voulez y mettre une sauce à l'espagnole, il faudra dégraisser la cuisson du saumon avant que de la mettre.

BARDES DE SAUMON A LA POÊLE.

Entrée. L'on met des tranches de rouelle de veau et un peu de jambon dans le fond d'une casserole juste à la grandeur de la tranche du saumon que l'on veut servir. Le saumon mis dessus et couvert de bardes de lard ; on y met un bouquet de persil, ciboules, deux clous de girofle, trois échalottes, peu de sel ; on fait cuire un quart-d'heure sur un moyen feu ; ensuite on mouille avec un verre de vin de Champagne ; on achève de cuire à petit feu : au moment de servir, on passe au tamis la sauce de la cuisson ; on y ajoute du coulis : bouillir quelques bouillons, on la sert sur le saumon.

DE L'ESTURGEON ; COMMENT L'ACCOMMODER.

Rôt. Il se sert cuit à la broche ; vous le faites mariner deux ou trois heures avec une marinade ordinaire.

Pour le faire, vous mettrez dans un casserole un morceau de beurre manié de farine, sel, poivre, persil

ciboules, ail, fines herbes, clous de girofle, un demi-
setier d'eau, un peu de vinaigre; faites chauffer la marinade sur le feu en la remuant.

Lorsqu'elle est tiède, mettez dedans l'esturgeon. Quand
il est assez mariné, faites-les cuire à la broche, et le servez avec toutes sortes de bonnes sauces maigres.

Vous pouvez aussi le faire cuire en court-bouillon
comme le saumon : et le servir avec les mêmes sauces
maigres.

ESTURGEON EN GRAS A LA BROCHE.

Lardez-le de gros lard ; faites-le cuire à la broche, et
le servez avec toutes sortes de bonnes sauces, comme à
l'italienne, à l'espagnole, à la ravigote, au ragoût de
truffes, morilles, mousserons, de ris de veau, de crêtes et
petits œufs.

ESTURGEON A LA BRAISE.

Mettez-le dans une petite marmite avec tranches de
veau et bardes de lard ; un demi-setier de vin blanc,
un bouquet garni, oignons, racines, sel, poivre, du bon
bouillon.

Quand il est cuit, servez-le avec la même sauce ou le
même ragoût que quand il est à la broche.

ESTURGEON GLACÉ.

Entrée. Il faut piquer le menu lard tout le dessus d'un
morceau d'esturgeon ; on le met ensuite dans une casserole avec des tranches minces de rouelle de veau, un peu
de jambon, un bouquet de persil, ciboules, trois échalotes, deux clous de girofle, une demi-feuille de laurier
quelques feuilles de basilic, un verre de vin de Champagne et du bon bouillon ; on fait cuire à moyen feu. La
cuisson faite, la sauce bien dégraissée, passée au tamis,
on la fait réduire en glace, et l'on finit comme pour les
fricandeaux.

DE L'ALOSE ; MANIÈRE DE L'ACCOMMODER.

Rôt. Les aloses de Seine sont estimées les meilleures.
Vous les servez entières ou par moitié.

Si vous voulez les servir pour un plat de rôt, videz-les
et ne les écaillez point ; faites-les cuire dans un court-
bouillon comme le saumon.

Quand l'alose est cuite, servez-la sur une serviette
garnie de persil vert.

Entrée. Si c'est pour entrée, écaillez-la et la servez

avec différentes sauces, comme aux câpres, à l'huile, à
l'italienne.

Vous la faites cuire sur le gril, après l'avoir écaillée et
vidée; fendez-la un peu par le dos, et la faites mariner
avec un peu d'huile ou un peu de beurre, sel, poivre;
faites-la griller et l'arrosez de temps en temps avec de la
marinade.

Lorsqu'elle est cuite, cela se connaît quand l'arrête
n'est plus rouge; vous la servez sur un ragoût de farce
assaisonné de bon goût. Étant grillée, vous pouvez aussi
la servir avec une sauce aux câpres et anchois.

DU CABILLAUD; COMMENT L'ACCOMMODER.

Le cabillaud ou morue fraîche, se fait cuire dans un
court-bouillon blanc comme le turbot.

Servez-le dans le même goût et même sauce, ou même
ragoût, tant en gras qu'en maigre.

DE LA RAIE; COMMENT L'ACCOMMODER.

La bouclée est estimée la meilleure, et se sert de plusieurs façons, comme les autres raies.

La façon la plus bourgeoise est de la mettre cuire dans
un chaudron avec de l'eau, du vinaigre, quelques tranches d'oignons, un peu de sel, après l'avoir bien lavée
dans de l'eau fraîche, et l'amer du foie ôté; ne lui faites
faire que deux bouillons, pour qu'elle ne cuise point trop:
retirez-la ensuite sur un plat pour l'éplucher; coupez les
bords pour propreté.

Entrée. Si elle n'était pas assez cuite après l'avoir épluchée, c'est ce que vous connaîtrez si elle se trouve trop
ferme et que l'arrête en soit rouge; ce qui ne doit pas être
si la raie est bien fraîche; remettez-la sur un fourneau
avec un peu de son court-bouillon. Quand vous êtes prêt
à la servir, égouttez-la, et servez dessus telle sauce que
vous jugerez à propos, comme sauce au beurre avec des
câpres et anchois; sauce à l'huile, sauce au beurre noir
et persil frit.

Pour cette dernière sauce, vous faites chauffer la raie
dans le plat que vous devez servir, avec du vinaigre, sel,
et un peu de gros poivre; mettez par-dessus de beurre
noir et persil frit autour.

RAIE AU VIN DE CHAMPAGNE.

On fait cuire la raie comme il est dit ci-devant. Eplu-
chée et dressée sur le plat que l'on doit servir, on y met
un verre de vin blanc, un morceau de beurre, persil,
ciboules, deux échalottes, trois feuilles de basilic, deux

ou trois champignons, le tout haché très-fin, du sel, un peu de gros poivre, de la chapelure passée au tamis, on fait bouillir un quart-d'heure à petit feu: on sert le plat après en avoir essuyé les bords.

RAIE MARINÉE FRITE.

Entrée. Arrachez la peau, et la coupez par morceaux comme la précédente, pour la faire mariner deux ou trois heures avec un peu d'eau, de vinaigre, sel, poivre, persil, ciboules, une gousse d'ail, oignons en tranches, zestes de racines, clous de girofle; ensuite vous l'égouttez et essuyez pour la fariner et faire frire: servez avec persil frit

RAIE A LA SAUCE DE SON FOIE.

Entrée. Faites-la cuire comme il est dit; pour la sauce, vous la ferez de cette façon: mettez dans une casserole persil, ciboules, champignons, une pointe d'ail, le tout haché très-fin, un peu de beurre.

Passez-les quelques tours sur le feu, et y mettez une bonne pincée de farine, ensuite un morceau de beurre, câpres et un anchois hachés, le foie de la raie cuit et écrasé, sel, gros poivre; mouillez avec de l'eau ou du bouillon; faites lier sur le feu: servez sur la raie.

RAIE AU FROMAGE.

Entrée. Arrachez la peau à une belle moitié de raie bouclée; coupez-la en quatre morceaux égaux et la lavez; faites-la cuire avec un demi-setier de lait et gros comme la moitié d'un œuf de beurre manié de deux pincées de farine, une gousse d'ail, deux clous de girofle, deux échalottes, une feuille de laurier, thym, basilic, peu de sel, poivre, faites bouillir avant que de mettre la raie: pour la cuire, il faut peu de temps. Retirez-la de la sauce pour l'égoutter; passez la sauce au tamis, et la faites réduire au point d'une sauce liée; mettez-en la moitié dans le fond du plat que vous devez servir, et par-dessus une petite poignée de fromage de Gruyère râpé; arrangez dessus les morceaux de raie, et entre la raie, vous aurez, pour garnir, une douzaine de petits oignons blancs cuits au bouillon et bien égouttés, et des petits morceaux de pain frit coupés en rond, vous les entremêlez l'un avec l'autre arrangés proprement: mettez partout sur le dessus le restant de la sauce; couvrez avec du fromage de Gruyère râpé ou du parmesan, si vous voulez, pour le mieux. Mettez votre plat sur un petit feu, qu'il bouille bien doucement, jusqu'à ce qu'il ne reste presque plus de sauce.

glacez le dessus avec une pelle ou un couvercle de tourtière couvert d'un bon feu : quand le dessus sera d'une
belle couleur dorée, servez.

DE LA MERLUCHE ; COMMENT L'ACCOMMODER.

La merluche la plus blanche est estimée la meilleure.
Avant de la mettre tremper, battez-la bien partout avec
un marteau pour l'attendrir : faites-la tremper plusieurs
jours en la changeant d'eau ; vous la faites cuire un moment avec de l'eau de rivière ; retirez-la et la mettez en
morceaux par feuillets.

Entrée. La sauce à la Gasconne est celle qui convient le
mieux. Mettez la merluche dans une casserole avec de
l'huile fine et autant de bon beurre, gros poivre, un peu
d'ail, et du sel si elle est trop douce ; mettez la casserole
sur un fourneau, en la remuant sans cesse jusqu'à ce que
le beurre soit lié avec l'huile, et la mangez dans le moment, parce que cette sauce, à mesure qu'elle se refroidit,
tourne en huile.

DE LA MORUE SALEE ; COMMENT L'ACCOMMODER.

Entrée. Pour connaître la bonne morue, il faut choisir
la chair blanche, une peau noire, de grands feuillets ; il
faut la laver après l'avoir écaillée : faites-la cuire un moment dans un chaudron avec de l'eau de rivière : mettez
la après égoutter, et la levez par feuillets ou la laissez
entière, si vous voulez, mais la façon n'en est pas si
propre.

Vous la servirez avec telle sauce que vous voudrez.
Mettez dans une casserole un peu de farine, un morceau
de beurre, un peu de poivre, délayez-la avec un peu de
lait ; mettez-y après du verjus en grains ; faites lier la
sauce sur le feu : mettez-y après la morue pour lui faire
prendre goût ; et servez.

Dans une autre saison, à la place de verjus, mettez-y
persil et ciboules hachées.

MORUE A LA MAITRE-D'HOTEL.

Entrée. Prenez l'endroit de la morue que vous voulez.
Après l'avoir écaillée et lavée, vous la mettez à l'eau
fraîche dans un poêlon ou chaudron : mettez-la sur le feu ;
quand elle sera prête à bouillir, écumez-la et l'ôtez du feu
aussitôt qu'elle bout, couvrez-la avec un torchon pendant un demi-quart-d'heure, ensuite vous la retirez de
l'eau pour la faire égoutter ; mettez-la sur un plat avec du
persil, ciboules hachées, gros poivre, muscade râpée, un
bon morceau de beurre une cuillerée de verjus ; faites
chauffer en la retournant et la servez tout de suite.

MORUE A L'OIGNON.

Entrée. On coupe cinq ou six oignons en filets que l'on passe long-temps sur le feu avec du beurre, en les remuant souvent jusqu'à ce qu'ils commencent à se colorer. Alors on y met deux pincées de farine, on les laisse encore prendre couleur, en remuant toujours, ensuite on y met une cuillerée de vinaigre, gros poivre, un peu de bouillon. L'oignon bien cuit et la sauce étant bien liée, l'on y met de la morue cuite, levée par filets, on lui fait prendre goût en la faisant mijoter dedans ; au moment de servir, on y met un morceau de beurre.

MORUE A LA GARONNE.

Entrée. On met dans une casserole des filets de morue cuire avec un bon morceau de beurre, deux cuillerées d'huile, câpres, anchois, persil, ciboules, le tout haché très-fin, du gros poivre. Au moment de servir, on fait chauffer, en remuant toujours jusqu'à ce que le beurre et l'huile soient bien liés ensemble : dressez sur le plat, et jetez dessus une chapelure de pain passée au tamis.

MORUE A LA PROVENÇALE.

Entrée. Prenez de la morue cuite à l'eau, bien égouttée : prenez le plat que vous devez servir ; mettez dans le fond de l'échalotte, un peu d'ail, persil, ciboules, du citron en tranches, la peau ôtée, du gros poivre, deux cuillerées d'huile, gros comme la moitié d'un œuf de beurre arrangez la morue dessus, remettez par-dessus le même assaisonnement que dessous, et panez ensuite avec la chapelure de pain : mettez le plat sur un petit feu, pour qu'elle bouille doucement ; faites lui prendre couleur par-dessus avec une pelle rouge ou un couvercle de tourtière.

MORUE AU BEURRE NOIR.

Entrée. Faites-la cuire dans l'eau et égoutter, mettez-la sur le plat que vous devez servir, avec un demi-verre de vinaigre, autant de bouillon, du gros poivre : faites-la bouillir un demi-quart-d'heure, et mettez dessus du beurre roux bien chaud avec du persil frit.

MORUE A LA SAUCE, AUX CAPRES ET ANCHOIS.

Entrée. Faites cuire votre morue dans l'eau ; après l'avoir égouttée, dressez-la chaudement dans le plat que vous devez servir et mettez par-dessus une sauce aux câpres et anchois. Vous trouverez la façon de la faire à l'article des SAUCES.

MORUE A LA CRÈME.

Entrée. Faites-la cuire dans de l'eau ; après qu'elle est égouttée ; vous la levez par feuillets. Mettez dans une casserole un bon morceau de beurre, une demi-cuillerée de farine, une pointe d'ail hachée, du gros poivre ; mouillez avec de la crème ou du lait ; faites lier la sauce sur le feu et y mettez ensuite les filets de morue ; faites chauffer et servez.

Si vous voulez la paner ; vous y mettrez un peu plus de beurre et trois jaunes d'œufs ; dressez-la dessus le plat que vous devez servir ; panez le dessus, et lui faites prendre couleur sur un couvercle de tourtière.

MORUE MARINÉE FRITE.

Entrée. Faites la cuire à l'eau, et la levez par feuillets ; faites-la mariner et frire comme la raie, à cette différence qu'il ne faut que peu de sel dans la marinade.

MORUE EN BEIGNETS.

Entrée. Ayez de la morue cuite à l'eau et bien égouttée : prenez-en les plus grands feuillets pour les tremper dans une pâte faite avec de la farine, du vin, un peu d'huile et très-peu de sel ; faites frire : servez garnie de persil frit.

DE LA LIMANDE, DE LA SOLE, DU CARRELET ET DE LA PLIE.

Hors-d'œuvre ou entrée. Ces quatre sortes de poissons s'accommodent tous de la même façon. Après les avoir écaillés, vidés et bien lavés, essuyez-les dans un linge blanc ; fendez-les sur le dos auprès de l'arête ; farinez-les après pour les faire cuire dans une friture bien chaude, sur un feu clair. Si vous les laissiez languir sur le feu, votre poisson serait mollasse et gras : c'est à quoi vous devez prendre garde pour toutes sortes de fritures.

Quand il est cuit de belle couleur ; retirez-le sur un linge, et le servez sur une serviette pour un plat de rôt.

Entrée. Ces sortes de poissons se peuvent encore servir ur entrées quand ils sont frits, en les mettant dans une uce aux câpres, anchois ou une sauce à l'huile.

En gras, avec une sauce hachée ou quelques petits-ragoûts, comme ris de veau et champignons.

Entrée. Ils se servent encore cuits sur le gril ; après les avoir marinés avec de l'huile, poivre, persil et ciboules entières ; que vous avez soin de retirer avant de servir.

Quand votre poisson est sur le feu, ayez soin de l'arroser de temps en temps avec sa marinade, et vous le servirez après avec telle sauce que vous jugerez à propos.

Vous pouvez aussi les faire cuire dans un court-bouillon blanc, comme il est marqué pour le turbot, et les servez après, si vous voulez, dans le même goût que le turbot.

SOLES, LIMANDES, CARRELETS, PLIES ENTRE DEUX PLATS A LA BOURGEOISE.

Entrée. Après les avoir écaillés, vous prenez de bon beurre que vous faites fondre ; mettez-en dans le plat que vous devez servir, avec persil, ciboules, champignons, le tout haché, sel, poivre, arrangez votre poisson dessus.

Faites le même assaisonnement sur le poisson que vous avez fait dessous, couvrez bien votre plat, et faites cuire à petit feu sur un fourneau.

Quand il est cuit, vous servez à courte sauce, et mettez par-dessus un filet de verjus. Vous pouvez aussi, après l'avoir préparé comme ci-dessus, avant de le faire cuire, mettre par-dessus de la mie de pain, et le faire cuire au four, ou sous un couvercle de tourtière.

DES EPERLANS ; MANIÈRE DE LES ACCOMMODER.

Il ne faut point les vider : lavez-les bien, et les essuyez entre deux linges ; farinez-les et les faites frire à grand feu : servez pour plat de rôt.

Entrée. Vous pouvez aussi les servir entre deux plats à la bourgeoise, pour entrée, comme il est expliqué ci-devant aux soles, limandes et carrelets.

DU SURMULET, ET DU MAQUEREAU.

Le surmulet, il faut l'écailler, vider et bien laver, et le couper un peu sur les deux côtés.

Pour le maquereau, vous ne faites que le vider, bien laver, et le fendez le long du dos.

Ces deux sortes de poissons, après les avoir bien essuyés dans un linge, s'accommodent de même.

Faites-les cuire sur le gril. Si vous les faites auparavant tremper une demi-heure avec sel, poivre et de l'huile, et les arrosez avec pendant qu'ils cuisent, ils n'en seront que meilleurs. Quand ils sont cuits, vous les servez avec une sauce blanche aux câpres et anchois.

Entrée. Le maquereau se sert encore après qu'il est grillé : arrangez-le sur le plat que vous devez servir ; fendez-le en deux, et mettez dessus persil, ciboules hachées, du bon beurre, une goutte d'eau, sel, poivre, un filet de vinaigre ; mettez-le sur un fourneau faire un petit bouillon, et servez à courte sauce.

Vous pouvez aussi le servir au beurre roux et persil frit.

Entrée. Il se sert à la maître-d'hôtel : quand il est grillé bien chaud, mettez dans le corps du beurre mêlé avec persil, ciboules hachées, sel, gros poivre.

DU THON ; MANIÈRE DE L'ACCOMMODER.

Il se mange ordinairement en salade.

C'est un gros poisson de mer que l'on envoie tout mariné de la Provence, et qui peut encore se mettre pour entrée.

Arrangez-le sur le plat que vous devez servir sur la table avec du bon beurre, persil, ciboules hachées ; panez-le de mie de pain, et lui faites prendre couleur au four, ou sous un couvercle de tourtière. Si vous vous trouvez dans des endroits où vous puissiez en avoir du frais, vous en ferez le même usage que vous faites du saumon frais.

DE LA VIVE ; MANIÈRE DE L'ACCOMMODER.

Après l'avoir écaillée, vidée, lavée et bien essuyée, coupez-la légèrement en cinq ou six endroits de chaque côté ; faites-la tremper avec un peu d'huile, sel, poivre ; faites-la griller, et l'arrosez de temps en temps avec le restant de votre l'huile : servez-la après avec telle sauce que vous voudrez, comme au beurre, câpres et anchois, un peu de farine et un peu d'eau, sel, poivre ; faites lier sur le feu, et servez sur les vives.

Vous pouvez encore les mettre avec une sauce au pauvre homme, sauce hachée.

Elles se servent aussi de beaucoup de façons différentes, qui reviendraient trop cher pour les bourgeois.

DU ROUGET ; MANIÈRE DE L'ACCOMMODER.

Le vrai rouget ne s'écaille point ; vous le videz, lavez et en gardez les foies.

Faites-le cuire sur le gril, comme la vive, et le servez avec les mêmes sauces ; ayez soin de mettre les foies dans la sauce que vous servirez dessus.

Entrée. Après les avoir vidés et lavés, sans les écailler, mettez-les cuire avec du vin blanc, un peu de beurre, sel, poivre, un bouquet de persil et d'oignons. Comme il ne faut qu'un moment pour les cuire, faites bouillir une demi-heure le court-bouillon, pour qu'il ait du goût quand vous les mettrez dedans.

Quand ils sont cuits, retirez-les du court-bouillon, pour enlever doucement l'écaille partout, hors la tête, et servez avec les mêmes sauces que ci-dessus.

DE LA SARDINE ET DU HARENG FRAIS.

L'accommodage en est de même, il faut les écailler et bien laver ; essuyez-les avec un linge, et les faites cuire sur le gril. Quand ils sont cuits, servez-les avec la sauce suivante.

Entrée. Mettez dans une casserole un morceau de beurre, un peu de farine, un filet de vinaigre, une cuillerée de moutarde fine, sel, poivre, un peu d'eau ; faites lier la sauce sur le feu, et servez sur les sardines ou harengs frais.

HARENGS-SAURS A LA SAINTE-MENEHOULD.

Hors-d'œuvre. Ayez une douzaine de harengs-saurs : coupez-leur le bout de la tête et de la queue ; mettez-les tremper quatre heures dans de l'eau, et ensuite deux heures dans un demi-setier de lait ; mettez-les égoutter et essuyez-les, trempez-les dans du beurre chaud mêlé avec une demi-feuille de laurier, thym, basilic hachés, comme en poudre, deux jaunes d'œufs et du gros poivre ; panez-les à mesure que vous les trempez dans le beurre ; et les faites griller légèrement ; mettez dans le fond du plat que vous devez servir deux cuillerées de verjus : dressez sur les harengs.

DES ANCHOIS, ET DE LEUR UTILITÉ.

Après les avoir bien lavés, on les ouvre en deux pour en ôter l'arête : ils servent ordinairement à faire des salades et pour mettre dans des sauces, comme sauce au beurre en maigre, sauce à la remoulade, sauce au gras avec du coulis et un peu de beurre.

L'on en sert aussi de frits. Après les avoir fait dessaler vous les tremper dans une pâte faite avec de la farine une cuillerée d'huile, et délayée avec du vin blanc, ayez soin que la pâte ne soit pas trop liquide. Quand ils sont frits, servez-les de belle couleur pour entremets.

ROTIES D'ANCHOIS.

Entremets. Prenez des tranches de pain coupées proprement de la longueur et largeur du doigt ; faites-les frire dans de l'huile ; arrangez-les dans un plat d'entremets ; mettez par-dessus une sauce faite avec de l'huile fine, vinaigre, gros poivre, persil, ciboules, échalottes, le tout haché, et couvrez à moitié vos rôties avec des filets d'anchois.

DES MERLANS.

Les merlans se servent ordinairement frits, après les avoir écaillés, vidés, lavés et essuyés, en ayant soin de leur laisser les foies dans le corps ; vous les couperez légèrement en cinq ou six endroits de chaque côté ; trempez-les dans la farine ; faites-les frire dans la farine à très-grand feu, et les servez sur une serviette pour un plat de rôt.

Étant frits de cette façon, vous pouvez les servir pour entrée, en mettant dessus une sauce blanche avec des câpres et anchois.

Si vous voulez les servir avec une plus grande propreté, ôtez-en l'arrête du milieu ; prenez les filets du merlan que vous arrangez sur le plat que vous devez servir ; le blanc en dessus, et mettez la sauce après par-dessus.

Vous pouvez encore les servir à-la bourgeoise, de la même façon que les soles et les carrelets.

DU BAR ; MANIÈRE DE L'ACCOMMODER.

Il se fait cuire au court-bouillon. Si vous voulez le servir pour un plat de rôt, après l'avoir vidé et lavé, faites-le cuire avec du vin blanc, du beurre, de l'eau, sel, poivre, oignons, racines, ciboules.

Quand il est cuit et bien égouttée, servez-le sur une serviette, garni de persil-vert.

Entrée. Si c'est pour une entrée, mettez-le mariner une demi-heure avec un peu d'huile, sel, poivre ; faites-le cuire sur le gril ; arrosez-le de temps en temps avec l'huile qui vous reste dans le plat.

Quand il est cuit, servez-le avec la sauce que vous jugerez à propos, comme aux autres poissons qui sont expliqués ci-devant.

Ayez soin pour toutes sortes de poissons que vous faites cuire sur le feu, de les couper légèrement à plusieurs endroits sur le côté avant de les mettre tremper dans l'huile.

d'huile, sel, poivre, ognons, racines, ail, persil, ciboules; tranches de citron.

Quand il est cuit, vous le servez sur une serviette.

DE LA THONTINE.

Les pattes servent à faire des farces; et le corps se fait
cuire et se sert comme le vaudreuil.

DE LA LUBINE.

On la fait cuire de la même façon que la morue, et
elle se sert de même.

DES ÉCREVISSES DE MER, DES HOMARDS ET DES CRABES.

Ils se servent tous de la même façon. Faites-les cuire à
bon feu, l'espace d'une demi-heure, avec de l'eau et du
sel; étant refroidis dans leur cuisson, frottez-les d'un peu
de beurre, pour leur donner belle couleur; cassez-leur
les pattes auparavant : ouvrez l'écrevisse ou le homard
par le milieu.

Servez-les froids sur une serviette, et les grosses pattes
autour.

DES MOULES.

Entrée. Après les avoir bien lavées, et ratissé leurs coquilles, égouttez-les et les mettez à sec dans une casserole,
sur un bon feu de fourneau : la chaleur les fera ouvrir;
vous les épluchez après une à une : ayez soin d'ôter les
crabes si vous en trouvez.

Entrée. Mettez vos moules, après les avoir ôtées de leurs
coquilles, dans une casserole avec un morceau de bon
beurre, persil et ciboules hachées; passez-les sur le feu;
mettez-y une petite pincée de farine; mouillez avec un
peu de bouillon. Quand il n'y a plus de sauce, mettez-y
une liaison de trois jaunes d'œufs avec de la crème; faites
lier votre sauce et y mettez après un filet de verjus.

Les moules servent aussi pour un potage. Prenez l'eau
qui en sera sortie en les faisant ouvrir sur le fourneau;
passez-la dans une serviette bien serrée, crainte que le
sable ne passe.

Mettez cette eau dans un bouillon, et en réservez pour
faire une liaison avec six jaunes d'œufs, que vous faites
lier sur le feu en la remuant sans cesse, crainte qu'elle
ne tourne.

Mettez cette liaison dans votre soupe au moment que
vous êtes prêt à servir : servez les moules autour du plat.

7

DES HUITRES

Elles se mangent ordinairement crues avec du poivre. L'on en sert aussi dans leurs coquilles; cuites sur le gril, feu dessous, et la pelle rouge par-dessus. Quand elles commencent à s'ouvrir seules, elles sont cuites; elles s'appellent huitres sautées.

Elles se servent encore grillées d'une autre façon.

Entremets. Vous les ouvrez; et mettez dedans du beurre fondu, un peu de poivre, de la chapelure de pain; faites-les cuire sur le gril, et la pelle rouge par-dessus.

Les huitres servent aussi à faire des ragouts, pour mettre avec différentes viandes, comme poulets, poulardes, pigeons, sarcelles.

Pour lors, vous les faites blanchir dans leur eau à très-petit feu; prenez garde qu'elles ne bouillent, cela les racornirait.

Mettez-les après dans de l'eau fraîche; retirez-les ensuite pour les bien égoutter sur un tamis; vous avez ensuite un bon coulis gras, sans sel; mettez deux anchois hachés et les huitres : faites-les chauffer sans qu'elles bouillent, et servez avec ce que vous jugerez à propos.

DE LA MACREUSE.

Entrée. La macreuse se fait cuire dans un court-bouillon fait comme celui du saumon frais. Il faut la faire cuire cinq ou six heures, et la servir avec une sauce hachée, ou avec ragout de laitances de carpes et champignons.

MACREUSE A LA DAUBE.

Entrée ou entremets. Préparée comme un canard que l'on fait cuire à la broche; on la larde de filets d'anchois; on la fait cuire cinq ou six heures à très-petit feu, avec un verre de vin blanc, autant de bouillon, un peu de beurre, quelques tranches d'oignons, de carottes, de panais, un bouquet de persil, ciboules, deux clous de girofle, thym, laurier, basilic, peu de sel, poivre.

DU POISSON D'EAU DOUCE.

Entrée ou entremets. Nous avons le brochet, l'anguille, la carpe, la truite saumonnée et la commune, la perche, l tanche, la lotte, la tortue, la lamproie l'écrevisse le meunier, le barbillon, le goujon, la brême, les grenouilles.

DU BROCHET.

Si vous voulez le servir pour rôt, vous ne l'écaillerez point; ôtez-en les ouïes avec un torchon pour ne vous point piquer.

Après l'avoir vidé, faites-le cuire dans un court-bouillon, que je vais expliquer, et qui se fera de même pour tous les poissons d'eau douce.

COURT-BOUILLON POUR TOUS LES POISSONS D'EAU DOUCE.

Mettez dans une casserole ou une poissonnière (vous vous réglerez suivant la grandeur du poisson que vous aurez à faire cuire); il faut qu'il trempe dans le court-bouillon, de l'eau, un quart de vin blanc, un morceau de beurre, sel, poivre, un gros bouquet de persil, ciboules, ail, girofle, thym, laurier, basilic; le tout ficelé ensemble; quelques tranches d'oignons et de carottes. Mettez le poisson cuire avec ces ingrédiens sans l'écailler (le même court-bouillon peut servir plusieurs fois). Ayez soin, autant que vous le pourrez, d'envelopper le poisson que vous voulez faire cuire au court-bouillon, avec un linge; par ce moyen, vous le tirez avec plus d'aisance; quand il sera cuit, vous ne serez point en danger de le rompre.

Le brochet se sert aussi pour entrée de plusieurs façons.

Entrée. Pour lors, vous le coupez par tronçons sans l'écailler, et le faites cuire de même au court-bouillon.

Quand il est cuit, et que vous êtes prêt à servir, vous enlevez l'écaille, et le dressez sur le plat que vous devez servir; mettez dessus une sauce blanche, ou telle autre que vous jugerez à propos.

Vous le servez aussi en fricassée de poulet, après l'avoir écaillé et coupé par tronçons.

Entrée. Mettez-le dans une casserole avec un morceau de beurre, un bouquet, des champignons. Passez-le sur le feu; mettez-y après une pincée de farine, et mouillez de bouillon et vin blanc; faites-le cuire à grand feu.

Quand il est cuit et assaisonné de bon goût, mettez une liaison de jaunes d'œufs et de crème.

BROCHET A LA TARTARE.

Entrée. Préparé et coupé par morceaux, on le fait mariner avec de l'huile, sel, gros poivre, persil, échalotes,

champignons, deux échalottes, le tout haché très-fin :
on fait tenir la marinade après chaque morceau ; vous
les panez avec de la mie de pain, et les faites cuire sur le
gril, en les arrosant avec le reste de la marinade : cuit
d'une belle couleur dorée, on le sert à sec sur le plat, et
une sauce remoulade dans une saucière. *Voyez* Remoulade
à l'article des Sauces.

BROCHET EN FILETS, A CE QUE L'ON VEUT.

Entrée et hors-d'œuvre. Le brochet que l'on a desservi
de la table, lorsqu'il y en a suffisamment pour faire une
entrée ou un petit hors-d'œuvre, on le coupe par filets
pour le servir avec une sauce à la béchamelle, ou aux
câpres et anchois, ou celle que l'on veut : s'il y a eu peu,
on le sert dans un ragoût ; alors on donne à des filets le
nom de la sauce ou du ragoût avec lesquels on les sert.

Le brochet sert aussi à mettre dans une matelote. Une
autre fois, vous pouvez le servir mariné : ce sont là les
façons les plus convenables dans le bourgeois. *Voyez*
Marinade de veau.

DE L'ANGUILLE.

Après lui avoir ôté la peau, vidée, épluchée et lavée,
mettez-la en fricassée de poulet, de la même façon que le
brochet.

Vous la faites aussi cuire sur le gril, coupée par tronçons
de la longueur de quatre doigts, et la servez avec une sauce
blanche, câpres ou anchois, ou autres sauces.

Vous pouvez aussi la servir avec quelque petit ragoût
de champignons, ou ragoût de moutons de laitues.

Quand elle est grosse, vous la pouvez faire cuire à la
broche, enveloppée de papier bien beurré, et la servir
dans le même goût que quand elle est cuite sur le gril.

Elle se sert en gros de plusieurs façons, comme en fricandeau, et à garnir des entrées grasses.

Elle est excellente dans des matelotes.

ANGUILLES AUX MONTANS DE LAITUES ROMAINES.

Coupez-la par tronçons, et faites la cuire comme si vou
vouliez la mettre en fricassée de poulet. *Voyez* Fricassée
de poulet.

Quand elle est presque cuite, vous avez des montans de
laitues romaines bien épluchés, et cuits dans une eau blanche, avec un peu de sel et du beurre ; mettez-les égoutter,
et leur faites prendre du goût avec l'anguille.

Vous y mettez ensuite une liaison de trois jaunes d'œufs
délayés avec de la crême. Faites-la lier sur le feu, et, en

servant ; mettez-y un filet de verjus, si vous n'avez point
mis de vin dans votre fricassée d'anguilles.

ANGUILLES EN RISSOLES.

Coupée par tronçons, on la fend en deux pour en prendre une partie de la chair et en faire une farce, on met
cette farce sur chaque morceau, après les avoir roulés et
ficelés, on les fait cuire avec du vin blanc et bon assaisonnement ; ensuite on les retire pour les mettre égoutter ;
étant froids, les ficelles ôtées, on les trempe dans de
l'œuf battu pour les paner de mie de pain, les faire frire
et servir garnis de persil frit.

DE LA CARPE.

Lorsqu'elle est grosse, elle se sert au bleu pour un plat
de rôt après l'avoir vidée et ôté les ouïes : ne l'écaillez
point.

Mettez-la après sur un grand plat ; faites bouillir du
vinaigre, que vous versez tout bouillant sur la carpe : c'est
ce qui la rendra bleue ; faites-la ensuite cuire dans un
court-bouillon, comme ci-devant.

Rôt. Lorsqu'elle est cuite, servez-la sur une serviette
garnie de persil vert, pour un plat de rôt maigres. Toutes
sortes de poissons frits et cuits au court-bouillon se servent
pour un plat de rôt maigre.

CARPE EN MATELOTE.

Après l'avoir écaillée et ôté les ouïes, coupez la carpe
par tronçons ; mettez-la dans une casserole avec d'autres
poissons, comme brochet, anguille, écrevisses, barbillon
ou tel poisson de rivière que vous aurez la commodité
d'avoir.

Vous faites aussi dans une autre casserole un petit roux
avec du beurre et une cuillerée à bouche de farine.

Lorsqu'il est de belle couleur, vous y mettez de petits
oignons coupés en quatre, que vous faites cuire à moitié
dans ce même roux, en y mettant encore un peu de beurre.

Ensuite vous les mouillez moitié vin rouge et bouillon
maigre.

Vous versez après les oignons, avec leur sauce, dans
la casserole, où votre poisson est préparé, et l'assaisonnez
de sel, poivre, un bouquet garni de fines herbes : vous
faites ensuite cuire votre matelote à grand feu pendant
une demi-heure.

Quand vous êtes prêt à servir, vous mettrez quelques
croûtons de pain dans la sauce, et les servirez sur la
matelote.

Quand la carpe est seule, sans autre poisson, pour lors elle s'appelle Eruvée : la façon en est toujours la même.

La carpe se sert encore cuite sur le gril, après l'avoir vidée et écaillée avec un ragoût de farce dessous, dont la façon se trouve au chapitre des Légumes, et en fricassée de poulet. *Voyez* Fricassée de poulet.

Entrée. Vous la coupez par tronçons ; mettez-la dans une casserole avec du beurre, persil, ciboules, champignons, le tout haché, une chopine de vin blanc, sel, poivre.

Lorsqu'elle est cuite, servez-la de bon goût à courte sauce.

DE LA TRUITE SAUMONNÉE ET DE LA COMMUNE.

La truite saumonnée a la chair rouge, et la commune blanche. La bonté de la première est supérieure de beaucoup à la dernière ; les apprêts se font de même.

Faites-les cuire dans un court-bouillon avec vin rouge, servez sur une serviette garnie de persil vert.

Entrée. Si vous voulez faire une entrée, servez une sauce dessus, comme pour les autres poissons.

Vous pouvez aussi les faire cuire sur le gril, après les avoir fait tremper dans l'huile, comme il est expliqué ci-devant pour les autres poissons, et servez avec un ragoût maigre.

Elles s'accommodent aussi en gras, dans le même goût du saumon frais.

DE LA PERCHE.

Ôtez les ouïes et videz-la ; ne lui ôtez que la moitié de ses œufs ; faites-la cuire dans un court-bouillon avec vin blanc.

Entrée. Lorsqu'elle est cuite, épluchez-la de ses écailles ; dressez-la sur le plat que vous devez servir, pour mettre dessus une sauce aux câpres ou autre, comme vous le jugerez à propos, ou quelque ragoût maigre.

Si vous la servez en gras, ce sera la sauce ou le ragoût qui en fera la différence.

DE LA TANCHE.

Pour l'écailler, il faut la limoner ; cela se fait en faisant bouillir de l'eau dans un chaudron ou poêlon.

Mettez-la dans l'eau bouillante ; couvrez-la promptement pour qu'elle ne vous fasse pas brûler en vous éclaboussant.

Vous la retirez après l'avoir laissée un moment : écaillez-la, en commençant par le côté de la tête, et prenez garde d'enlever la peau et de l'écorcher.

Entrée. Quand vous avez fini, vous la videz, lavez et ôtez les nageoires; faites-la cuire sur le gril comme les autres poissons, et servez avec même sauce.

TANCHE A LA BOURGEOISE.

Entrée. Ecaillée et vidée comme il est dit ci-devant, on la met dans le plat que l'on veut servir, avec un demi-verre de vin blanc, une demi-cuillérée de verjus, un morceau de beurre, sel, gros poivre, persil, ciboules, champignons, le tout haché, une demi-feuille de laurier, trois feuilles de basilic hachées comme en poudre; on la couvre d'un autre plat, pour la faire mijoter sur un petit feu jusqu'à ce qu'elle soit cuite : en servant, on a soin de bien essuyer les bords du plat.

DE LA LOTTE OU BARBOT.

C'est un des excellens poissons d'eau douce. Il faut la limoner comme la tanche, à la réserve qu'il faut la laisser moins dans l'eau bouillante, parce qu'elle s'écorcherait : il y en a qui ne se donnent pas la peine de les limoner, mais elles n'en sont pas si propres.

Faites cuire auparavant le court-bouillon pour qu'il ait plus de goût, parce qu'il ne faut qu'un moment pour la cuire.

Elle se sert comme d'autres poissons, à différentes sauces. La lotte est aussi excellente frite.

Pour lors, vous ne faites que la fariner, et la faites frire. Quand elle est de belle couleur, servez-la sur une serviette pour un plat de rôt.

Elles se mettent dans les matelotes. On en fait aussi de très-bonnes entrées en gras, comme en fricandeaux piqués de lard, ou dans leur naturel ; avec de bon ragouts de crêtes ou autres, tels que vous le jugerez à propos.

DE LA LAMPLOIE.

Elle ressemble à l'anguille. Il y en a de rivière et de mer.

Il faut les limoner, comme je l'ai expliqué à l'article de la TANCHE, ensuite vous les coupez par tronçons : faites-les frire après les avoir farinées.

Vous la faites aussi cuire sur le gril, comme les autres poissons, et la servez avec une sauce aux câpres ou une sauce à la rémoulade bourgeoise.

Entrée. Vous mettez dans une casserole de l'huile, vinaigre, sel, gros poivre, et de la moutarde, le tout délayé ensemble : servez-la à part dans une saucière.

DES ÉCRVISSES.

Celles de la Seine sont estimées les meilleures.

Pour les connaître, regardez le dessous des grosses pattes qui doit être rouge.

Elles se mangent communément cuites dans un court-bouillon, comme il est expliqué à l'article du BROCHET, n'en retranchez que le beurre.

Entremets. Quand elles sont cuites, dressez-les sur une serviette pour un plat d'entremets.

Hors-d'œuvre. Les mêmes écrevisses étant desservies de dessus la table, se servent une autre fois en fricassée de poulet, après avoir épluché les queues et les pattes.

Si vous voulez, l'on fait d'excellens coulis des coquilles d'écrevisses.

Les queues servent à garnir des entrées, ou à border un plat à potage d'écrevisses.

SOIT QUE VOUS VOULIEZ FAIRE UN POTAGE OU UNE ENTRÉE AUX ECREVISSES, VOICI LA FAÇON DE S'EN SERVIR.

Mettez un moment bouillir vos écrevisses dans l'eau bouillante; retirez-les ensuite dans l'eau fraîche; épluchez-en les queues, que vous mettrez à part, ainsi que les coquilles.

Faites piler les coquilles pendant trois heures; quand elles sont finies, délayez-les dans un bon bouillon, et passez ensuite dans une étamine.

Si vous destinez ce coulis pour un ragout, vous le tiendrez plus épais, et mettrez dedans les queues d'écrevisses, après les avoir fait cuire dans un peu de bouillon; laissez-les réduire presque à sec, et mettez le tout dans un coulis : goutez s'il est assaisonné de bon goût.

Faites-le chauffer sans qu'il bouille, et vous en servez pour ce que vous jugerez à propos, soit viande ou poisson.

Si c'est en gras, vous vous servirez de bon bouillon gras; et, pour le poisson, de bon bouillon maigre fait avec toutes sortes de bons légumes, et d'une eau de pois: que votre bouillon soit bien clair, pour ne point troubler votre coulis.

Si vous voulez faire un potage, vous tiendrez votre coulis plus clair, et mettrez dans votre potage le bouillon où vous aurez fait cuire les queues, que vous mettrez en cordon autour du plat que vous devez servir.

Quand votre soupe sera mitonnée avec votre bouillon, mettez-y le coulis d'écrevisses; faites-le chauffer sans qu'il bouille, goutez s'il est assaisonné de bon gout, et servez.

DU BARBILLON, DU MEUNIER, DU GOUJON ET DE LA BRÊME.

Le barbillon se sert en étuvée comme la carpe, et se met aussi sur le gril, quand il est gros : il se sert avec une sauce blanche.

La même façon se pratique pour le meunier. Le goujon se sert frit : la brême se sert aussi cuite sur le gril, avec les mêmes sauces.

Vous la servez frite pour un plat de rôt. Quoique ces poissons ne soient pas estimés, il ne laisse pas de s'en trouver de fort bons.

ÉTUVÉE DU GOUJON.

Hors-d'œuvre ou entremets. Il faut écailler et vider les goujons, et ensuite les essuyer sans les laver. Prenez le plat que vous devez servir ; mettez dans le fond de bon beurre, avec persil, ciboules, champignons, deux échalottes, thym, laurier, basilic, le tout haché très-fin, sel, gros poivre ; arrangez dessus les goujons, et les assaisonnez dessus comme dessous : mouillez avec un verre de vin rouge ; couvrez le plat, et faite bouillir sur un bon feu jusqu'à ce qu'il ne reste que peu de sauce : il ne faut qu'un quart-d'hure pour la cuisson. Les éperlans s'accommodent de la même façon, à cette différence que vous ne faites que les essuyer avant que de vous en servir.

ESCARGOTS DE VIGNE EN FRICASSÉE DE POULET.

Hors-d'œuvre. Dans le printemps et l'automne, l'on trouve des escargots dans les vignes, qui sont bons à manger pour ceux qui les aiment. Pour les faire sortir de leurs coquilles et les bien nettoyer, vous mettrez une bonne poignée de cendre dans un moyen chaudron avec de l'eau de rivière ; quand elles commencent à bouillir, jetez-y les escargots pour les y laisser un quart-d'heure. Quand ils se tirent aisément de leurs coquilles, vous les retirez dans l'eau tiède pour les bien nettoyer; ensuite vous les remettez encore dans une eau claire pour les faire bouillir un instant. Retirez-les pour les égoutter ; mettre dans une casserole un morceau de beurre, un bouquet de persil, ciboules, une gousse d'ail, deux clous de girofle, thim, laurier, basilic, des champignons, et les escargots bien égouttés; passez le tout ensemble sur le feu : mettez-y une pincée de farine; mouillez avec du bouillon un verre de vin blanc, sel, gros poivre ; laissez cuire jusqu'à ce que les escargots soient moelleux, et qu'il reste peu de sauce. En servant, mettez une liaison de trois jaunes d'œufs avec de la crème : faites lier sans bouillir ; ajoutez-y un peu de verjus ou de vinaigre blanc, avec un peu de muscade.

DES GRENOUILLES.

Il faut leur couper les pattes et le corps, de façon qu'il ne reste presque que les cuisses : l'on peut les accommoder de deux façons différentes, comme :

GRENOUILLES EN FRICASSÉE DE POULET.

Hors-d'œuvre. Vous les mettez dans de l'eau bouillante, et leur faites faire un petit bouillon. Retirez-les à l'eau fraîche, et égouttez ; mettez-les dans une casserole, avec des champignons, un bouquet de persil, ciboules, une gousse d'ail, deux clous de girofle, un morceau de beurre ; passez-les sur le feu deux ou trois tours, et y mettez une bonne pincée de farine ; mouillez avec un verre de vin blanc, un peu de bouillon, sel, gros poivre ; faites cuire un quart-d'heure et réduire à courte sauce ; mettez-y une liaison de trois jaunes d'œufs avec un peu de crème, une petite pincée de persil haché très-fin ; faites lier sans bouillir.

GRENOUILLES FRITES.

Hors-d'œuvre. Vous les mettez mariner crues pendant une heure, avec moitié eau et moitié vinaigre ; persil, ciboules entières, tranches d'oignons, deux gousses d'ail, deux échalottes, trois clous de girofle, une feuille de laurier, thym, basilic, ensuite vous les mettez égoutter et les farinez pour les faire frire : servez garnies de persil frit. Pour le mieux, au lieu de les fariner, vous les tremper dans une pâte faite avec de la farine délayée avec une cuillerée d'huile, un grand verre d vin blanc et du sel, que la pâte ne soit pas trop claire ; il faut qu'elle file un peu gros en la versant avec cuiller.

CHAPITRE XI.

DES LÉGUMES.

Les légumes qui s'emploient en cuisine, comme grains et racines, l'usage que l'on en peut faire, la façon de les accommoder, celle de les conserver pour l'hiver.

POMMES DE TERRE A L'ANGLAISE.

Vous laverez bien des pommes de terre, vous les ferez cuire dans de l'eau et du sel, et vous les épluchérez : quand elles sont cuites, vous mettez tiédir un bon morceau de beurre dans une casserole, vous coupez les pommes de terre en tranches, et vous les placez dans le beurre : ajoutez du sel, du gros poivre, un peu de muscade râpée : vous sautez vos tranches de pommes de terre dans le beurre : ne les laissez pas tourner en huile : servez-les sur un plat.

POMMES DE TERRE A LA MAITRE-D'HOTEL.

Faites cuire vos pommes de terre dans de l'eau et du sel ; vous les coupez-en tranches ; mettez-les dans une casserole avec un bon morceau de beurre, du persil, de la ciboule hachée, du sel, du gros poivre : vous les posez sur le feu : sautez-les avec du beurre et de fines herbes : si le beurre tourne en huile, vous verserez dedans une cuillerée d'eau : au moment du service, vous y mettrez un jus de citron.

POMMES DE TERRE A LA LYONNAISE.

Lorsque les pommes de terres sont cuites à l'eau, vous les coupez en tranches, et les mettez dans une casserole : faites une purée faite d'ognons ; vous la versez dessus : tenez les pommes de terre chaudes, sans les faire bouillir : autrement, vous mettrez un bon morceau de beurre, vous coupez huit ognons en tranches, et vous les poserez sur le feu : quand ils sont bien blonds, vous y ajoutez plein une cuiller à café de farine que vous mêlez bien avec les ognons ; oignez-y du sel, du gros poivre, plein une petite cuiller à pot de bouillon et d'eau, et un filet de vinaigre : vous ferez mijoter les ognons pendant un quart-d'heure : vous les mettrez sur les pommes de terre, et les tiendrez chaudes.

DES POIS VERTS ET DES POIS SECS.

Les pois verts se mangent pendant trois mois, qui sont juin, juillet et août. Pour connaître leur bonté, il faut goûter s'ils ont le goût sucré, qu'ils soient tendres, frais cueillis et nouvellement écossés.

Les bons pois ont une petite queue après qu'il sont écossés.

Les plus fins sont estimés les meilleurs.

Les plus tardifs sont les pois carrés : quoique plus gros, ils n'en sont pas moins tendres.

Les pois verts se servent avec toutes sortes de viandes, et font d'excellens ragoûts ; ils se servent aussi en gras et en maigre pour entremets.

Les pois servent à faire de la purée

PETITS POIS A LA BOURGEOISE.

Entremets. Prenez un litron et demi de petits pois, que vous lavez et mettez dans une casserole avec un morceau de beurre, un bouquet de persil et ciboules, une laitue pommée, coupée en quatre: faites-les cuire dans leur jus, à très-petit feu ; pendant une heure et demie.

Quand ils sont cuits, et qu'il n'y a presque plus de sauce mettez-y un peu de sauce, très-peu de sel fin ; mettez-y après une liaison de deux jaunes d'œufs avec de la crème: faites lier sur le feu et servez. Il y en a qui ne mettent point de crème ni d'œufs, et les servent simplement avec leur sauce, qui doit être courte.

USAGE DES POIS SECS.

Les pois normands sont estimés les meilleurs ; parce qu'ils ne sont point piqués des vers, et plus tendres à cuire.

Ils servent à faire de bonnes purées les jours maigres, à donner du corps dans les potages.

Pour faire cette purée, vous passez les pois dans une passoire ; vous la fricassez avec du beurre, persil et ciboules hachées, assaisonnés de sel et de poivre

PETIT SALÉ AUX POIS.

Faites cuire la viande avec les pois et de l'eau : ayez soin de faire dessaler à moitié la viande pour que votre purée soit d'un bon goût ; mettez-y aussi deux racines, autant d'oignons, un bouquet de fines herbes.

Quand les pois sont cuits, passez-les en purée, et les servez sur la viande.

Nous avons encore les pois sans parchemin, autrement appelés goulous, parce que l'on en mange tout.

Quand ils sont bien tendres et verts, vous les faites cuire avec leurs cosses, comme les petits pois ci-devant.

DES HARICOTS VERTS.

Prenez-les fort tendres et en rompez les petits bouts; lavez-les, et les faites cuire dans l'eau.

Quand ils sont cuits, mettez dans une casserole un morceau de beurre, persil, ciboules hachées.

Quand le beurre est fondu, mettez-y les haricots, après qu'ils sont égouttés; faites-leur faire deux ou trois tours sur le feu, mettez-y après une pincée de farine et un filet de verjus ou de vinaigre.

Quand vous êtes prêt à servir, mettez-y une liaison de trois jaunes d'œufs délayés avec du lait; et ensuite un filet de verjus ou de vinaigre.

Quand la liaison est prise sur le feu, servez-les pour entremets.

L'on s'en sert aussi en gras; à la place de liaison, vous y mettez du coulis et du jus de veau.

DES HARICOTS VERTS, COMMENT LES CONFIRE, SÉCHER ET LES CONSERVER AU MOINS JUSQU'A PAQUES.

Prenez des haricots verts, la quantité que vous en voudrez confire; choisissez-les tendres et point filandreux; épluchez les bouts, et mettez après les haricots cuire dans de l'eau bouillante pendant un quart-d'heure; mettez-les après dans de l'eau fraîche pour les refroidir.

Quand ils sont froids, retirez-les de l'eau pour les mettre égoutter. Après qu'ils sont bien essuyés, mettez-les dans les pots qui leur sont destinés, qui doivent être bien propres: mettez par-dessus de la saumure jusqu'au bord du pot.

Vous y mettez ensuite du beurre fondu à moitié chaud, qui se fige dans la saumure, et empêche les haricots de prendre de l'évent.

Serrez-les dans un endroit ni trop chaud ni trop froid, bouchez-les de papier, et ne les ouvrez que quand vous voudrez vous en servir.

La saumure se fait en mettant les deux tiers de vinaigre et plusieurs livres de sel, suivant la quantité de saumure que vous en faites, une livre pour trois pintes.

Faites chauffer la saumure sur le feu jusqu'à ce que le sel soit fondu; laissez-la ensuite reposer pour la tirer au clair, et vous en servez comme il est dit ci-dessus.

Pour les faire sécher, vous prenez de pareils haricots, que vous épluchez de même, et les faites aussi cuire un quart-d'heure. Quand ils sont égouttés, enfilez-les avec une aiguille et du fil; pendez-les aux plancher dans un endroit sec : ils se conserveront long-temps de cette façon.

Quand vous voudrez vous en servir, faites-les tremper dans de l'eau tiède jusqu'à ce qu'ils aient repris leur première verdure; vous les faites cuire aussi dans de l'eau et les accommodez de la même façon que les haricots nouveaux.

Observez la même façon que pour les haricots confits.

DES HARICOTS BLANCS.

Hors-d'œuvre. Faites-les cuire dans l'eau; quand ils sont cuits, vous mettez dans une casserole un morceau de beurre et un peu de farine, que vous faites roussir, et y mettez ensuite de l'oignon haché que vous faites cuire dans ce même roux.

Quand il est cuit, mettez-y les haricots, avec persil, ciboules hachées, sel, poivre, un filet de vinaigre: faites bouillir le tout un quart-d'heure; et servez.

Les haricots au gras se font de la même façon; à la place du beurre, vous vous servez de lard fondu, et les mouillez de bon jus de veau.

Ils se servent aussi en gras, en entremets ou pour entrée, si vous voulez les mettre dessous un gigot de mouton rôti.

DES FÈVES DE MARAIS.

Ceux qui les mangent avec la robe doivent les faire cuire dans l'eau pendant un demi-quart-d'heure pour ôter leur âcreté.

Communément elles se mangent dérobées: la façon de les accommoder après est de même.

Mettez-les dans une casserole avec du beurre, ciboules et de persil, ciboules et un peu de cerfeuil; passez-les le feu; mettez-y une pincée de farine, un peu de sucre, comme un ragoût; mouillez-les de bon bouillon.

Quand elles sont cuites, mettez-y une liaison de trois jaunes d'œufs et un peu de lait : servez pour un plat entier.

DES LENTILLES.

Choisissez-les larges et d'un beau blond. Après les avoir lavées et épluchées, faites-les cuire dans de l'eau. Quand elles sont cuites, fricassez-les comme les haricots pas beaucoup pour fricasser; elles sont meilleures pour faire des coulis, parce que la couleur en est plus belle et le goût plus excellent.

COULIS DE LENTILLES.

Vous les lavez après les avoir épluchées, faites-les cuire avec un bon bouillon gras ou maigre, suivant l'usage que vous en voulez faire. Quand elles sont cuites, passez-les à l'étamine, en les mouillant de leur bouillon; assaisonnez ce coulis de bon goût; et vous vous en servirez pour ce que vous jugerez à propos soit potage ou terrine.

DU RIZ.

Il sert à faire des potages gras et maigres et des entrées. Il se mange communément au lait.

Le potage maigre se fait après avoir lavé le riz trois ou quatre fois dans de l'eau tiède, et frotté fort dans les mains.

Vous le faites cuire dans un bon bouillon maigre fait avec panais, carottes, oignons, racine de persil, choux, céleri, navets, une eau de pois, de tout modérement, qu'un légume ne domine pas plus que l'autre, principalement le céleri et la racine de persil.

Vous mettez avec ce bouillon un morceau de beurre, du jus d'oignons, jusqu'à ce que votre riz ait assez de couleur. Faites-le cuire à petit feu pendant trois heures; assaisonnez le tout de bon goût.

Quand il est cuit, servez ni trop clair ni trop épais.

Si vous voulez le servir au blanc, n'y mettez point de jus d'oignons.

Quand votre riz est cuit, prenez du bouillon que vous délayez avec six jaunes d'œufs; faites les lier sur le feu, entretenez cette liaison chaude.

Quand vous êtes prêt à servir, mettez-la dans le riz.

Le riz au lait se fait après l'avoir bien lavé. Faites-le cuire une demi-heure à petit feu, avec un peu d'eau pour le faire crever; mettez-y ensuite peu à peu du lait chaud jusqu'à ce qu'il soit cuit: vous l'assaisonnez de sel et de sucre.

Servez ni trop clair ni trop épais.

DES CHOUX.

Les choux blancs, les choux verts et ceux de Milan s'accommodent tous de même. L'on s'en sert communément pour mettre dans le pot, après les avoir ficelés pour qu'ils ne se mêlent point avec la viande.

Entrée. Si vous voulez faire des entrées avec, pour

lors vous les coupez par quartiers. Après les avoir lavés ; faites-les bouillir un quart-d'heure dans l'eau ; mettez-y un morceau de petit lard coupé par morceaux, tenant à la couenne ; retirez-les après dans l'eau fraîche ; pressez-les bien et les ficelez ; mettez-les cuire dans une braise avec un morceau de lard et la viande que vous destinez pour servir avec.

Cette braise n'est que du bouillon, sel, poivre, un bon quet de persil, ciboules, clous de girofle ; un peu de muscade, deux ou trois racines.

Quand la viande et les choux sont cuits, retirez-les pour les bien essuyer de leur graisse ; dressez-les dans le plat que vous devez servir, le petit lard par-dessus.

Vous mettez ensuite une sauce faite d'un bon coulis, et assaisonnée d'un bon goût.

Viande qui revient le mieux : tendrons de veau, poitrine de bœuf, morceau de culotte de bœuf, andouille de porc, épaule de mouton désossée et arrondie en la ficelant bien fort ; le chapon, les pattes troussées en dedans.

De telle viande que vous vous serviez ; faites-la bouillir deux minutes dans de l'eau pour lui faire jeter son écume, et la mettez après cuire avec les choux.

Les choux se mangent aussi à la bourgeoise. Étant cuits dans le pot et bien égouttés, mettez dessus une sauce blanche.

DES CHOUX-FLEURS.

Les choux-fleurs sont une espèce de choux dont la graine nous vient d'Italie ; le légume en est asssez bon. Ils servent à faire des entremets et à garnir des entrées de viande.

Pour vous en servir, vous les épluchez et lavez ; faites-les cuire un moment dans de l'eau, et les retirez pour les achever de cuire dans une autre eau blanche, faite avec une cuillerée de farine délayée avec de l'eau, un peu de beurre et du sel.

Quand ils sont cuits, dressez-les dans le plat que vous devez servir, et mettez dessus, en gras, une sauce blanche.

Si c'est pour entrée, vous les faites cuire de la même façon ; dressez-les autour de la viande que vous leur destinez, et mettez par-dessus la sauce qui est pour la viande où il doit toujours y avoir un peu de beurre.

CHOUX-FLEURS EN PAIN.

Prenez de beaux choux-fleurs que vous épluchez et faites cuire à moitié dans l'eau ; retirez-les dans de l'eau fraîche, pour les mettre après égoutter dans une passoire. Vous prenez une petite casserole de la longueur du fond du plat que vous devez servir; mettez des bardes de lard dans le fond, et arrangez les choux-fleurs dessus en mettant le beau côté des choux-fleurs en dessous, et les queues en haut.

Vous prenez ensuite une bonne farce faite avec une rouelle de veau, graisse de bœuf, persil, ciboules, champignons, le tout haché; assaisonnez de sel, poivre, trois œufs entiers : c'est-à-dire, le jaune et le blanc; point de crême ni bouillon.

Quand cette farce est bien assaisonnée et mêlée, vous la mettez dans tous les vides des choux-fleurs et la faites bien entrer avec les doigts : faites-les cuire avec bon bouillon, assaisonnez de bon goût.

Quand votre pain de choux-fleurs est cuit, et qu'il n'y a plus de sauce, renversez-le doucement dans le plat que vous devez servir; ôtez les bardes de lard, et mettez par-dessus un bon coulis avec un peu de beurre, et servez pour entrée.

CHOUX A LA FLAMANDE.

Hors-d'œuvre. Prenez un chou, que vous couperez en quatre, faites-le blanchir à l'eau bouillante un quart-d'heure; retirez-le dans de l'eau fraîche, pressez-le pour en faire sortir l'eau : coupez les trognons et ficelez; faites-le cuire avec un morceau de beurre, bon bouillon, sept ou huit oignons, un bouquet garni, un peu de sel et gros poivre. Quand il est presque cuit, mettez-y quelques saucisses cuites. Quand votre ragoût est cuit, vous avez un croûton de pain plus grand que le creux de la main, que vous faites frire avec du beurre; mettez-le dans le fond du plat où vous voulez servir le chou : les saucisses et les oignons autour; que le tout soit bien essuyé de la graisse; dégraissez la sauce du chou : si vous avez un peu de coulis, mettez-en dedans : que votre sauce soit courte et de bon goût, et servez dessus.

Les choux verts et frisés sont plus tendres que les blancs; ils ont beaucoup plus de goût : c'est de ceux-là qu'il faut faire usage préférablement aux autres. On les fait cuire dans de l'eau pure, sans aucun assaisonnement. Quand ils sont cuits au degré nécessaire, on les tire de l'eau, et on a le soin de les bien égoutter; cela fait, on y met du sel, gros poivre, beaucoup d'huile de Provence, de celle surtout qui sent un peu le fruit, et assez de vinaigre dans lequel on broie, si l'on veut, un ou deux anchois; on y jette aussi quelques câpres, et l'on retourne les choux assaisonnés comme l'on retourne une salade.

On peut les manger chauds ou froids; ils sont aussi bons d'une manière que de l'autre.

RACINES EN MENUS-DROITS

Prenez de grosses racines bien tendres; ratissez et lavez-
les; mettez-les blanchir une demi-heure à l'eau bouillante; ensuite vous les coupez en gros filets, et les mettez
dans une casserole avec un morceau de bon beurre; un
bouquet de persil, ciboules, une gousse d'ail, deux échalottes, deux clous de girofle, du basilic; passez-le sur le
feu, mettez-y une pincée de farine, sel, gros poivre, bon
bouillon; laissez cuire et réduire à courte sauce, ôtez le
bouquet: mettez-y une liaison de trois jaunes d'œufs avec
de la crème: faites lier sans bouillir: en servant, un grand
filet de vinaigre blanc.

CERFEUIL, OSEILLE, POIRÉE, BONNE-DAME.

Toutes ces herbes sont excellentes pour faire de la
soupe et des ragoûts de farce. Les personnes ménagères
en doivent confire l'été pour l'hiver. Quand elles sont
accommodées comme il faut, elles ne perdent rien de
leur bonté. Rien n'est si aisé à faire, pour peu qu'on y
apporte d'attention.

Prenez de l'oseille, cerfeuil, poirée, bonne-dame,
pourpier, des concombres, si vous êtes dans le temps;
persil, ciboules; mettez de ces herbes à proportion de
leur force. Après les avoir épluchées et lavées plusieurs
fois, mettez-les égoutter; après, vous les hacherez et
les passerez dans vos mains pour qu'il ne reste pas tant
d'eau.

Vous prenez un chaudron de la grandeur que vous
avez d'herbe à y mettre, mettez dedans un bon morceau
de beurre et vos herbes dessus, du sel, autant qu'il en est
besoin pour bien saler les herbes; faites-les cuire à petit
feu jusqu'à ce qu'elles soient bien cuites, et qu'il n'y
reste point d'eau: après qu'elles sont un peu refroidies,
mettez-les dans des pots qui leur sont destinés, qui doivent être bien propres.

Moins l'on en fait de consommation, plus les pots doivent être petits, parce que, quand ils sont une fois enta-
més, les herbes ne se gardent au plus que trois semaines.

Quand elles sont entièrement refroidies dans les pots,
vous prenez du beurre que vous faites fondre; quand elle
est tiède; mettez-le sur les herbes que vous aurez soin de
bien unir avec un cuiller.

Après que le beurre est bien pris, couvrez de papier les
pots, et les mettez dans un endroit ni trop chaud ni trop
frais: ces sortes d'herbes se conservent jusqu'à Pâques;
et sont d'une grande utilité dans l'hiver.

Quand vous voulez vous en servir, vous en mettez dans du bouillon qui ne doit pas être salé, et vous avez de la soupe faite dans le moment.

Si vous voulez faire de la farce avec, vous les mettez dans une casserole avec un morceau de beurre; faites-les bouillir un instant, et y mettez une liaison de quelques jaunes d'œufs avec du lait, et vous en servez, soit pour mettre dessous des œufs durs, ou quelque plat de poisson cuit sur le gril.

Le temps le plus convenable pour confire les herbes est sur la fin de septembre.

DE L'OIGNON.

Il est d'une grande utilité en cuisine, quand on s'en sert avec modération; il entre dans beaucoup de potages, dans le jus et coulis. Le petit oignon blanc est le plu estimé pour faire des ragoûts: pour cet effet, ne l'épluchez point, n'en coupez que le bout de la tête et de la queue; faites-le cuire dans l'eau un quart-d'heure; retirez-le après dans l'eau fraîche, et lui ôtez la première peau. Faites-le cuire dans du bouillon.

Quand ils sont cuits, mettez-y deux cuillérées de coulis pour lier la sauce; assaisonnez-les de bon goût, et les servez avec ce que vous jugerez à propos.

Quand ils sont cuits dans du bouillon, et bien égouttés et refroidis, ils se mangent en salade, avec sel, et gros poivre, huile et vinaigre.

DU CÉLERI.

Quand il est bien blanc, bien tendre, ils se mangent en salade, avec une remoulade de sel, poivre, huile, vinaigre et moutarde, l'on s'en sert aussi pour mettre dans le pot: il en faut très-peu, parce que le goût en est fort, et domine sur tous les autres légumes.

Si vous voulez le servir en ragoût avec quelque viande, faites-le tremper dans de l'eau pour le bien laver, faites-le cuire une demi-heure dans de l'eau bouillante; retirez-le dans de l'eau fraîche; pressez-le bien, et le faites cuire avec gros bouillon et du coulis; assaisonnez-le de bon goût, ayez soin de le dégraisser.

Quand il est cuit, servez-le avec la viande que vous jugerez à propos.

DES RADIS ET RAVES

Ils ne sont bons, en cuisine, que pour servir crus en hors-d'œuvre fort commun, au commencement du dîner, à côté d'une soupe.

DES NAVETS.

Ils se mettent dans le pot, et servent aussi à faire de bons potages. Si vous voulez garnir avec le plat a soupe, coupez-les proprement : faites-leur faire un bouillon dans l'eau pour leur ôter le goût fort, faites cuire après avec du bouillon et au jus pour leur donner couleur.

Ils servent aussi à faire des ragoûts pour mettre avec la viande; coupez-les proprement, faites-leur faire un bon bouillon dans de l'eau, et les mettez après cuire avec du bon bouillon et du coulis, un bouquet de fines herbes.

Quand ils sont cuits et assaisonnés de bon goût, dégraissez le ragoût : servez dessous la viande que vous jugez à propos, qui doit être cuite dans une braise.

Si vous voulez une façon plus simple, c'est de mettre cuire les navets avec la viande. Quand elle est à moitié cuite, dégraissez le ragoût et l'assaisonnez de bon goût.

Si cette dernière façon n'a pas si bonne mine, elle est moins coûteuse, et n'est pas si embarrassante.

DES LAITUES POMMÉES ET ROMAINES.

Je n'entrerai point ici dans le détail des différentes espèces de laitues pommées ou romaines; il suffit qu'elles se mangent toutes en salade quand elles sont belles et tendres.

Elles se servent aussi en ragoût et à garnir des potages.

De telle façon que vous les mettiez, après les avoir épluchées et lavées, mettez-les cuire dans de l'eau un bon quart-d'heure, retirez-les après dans de l'eau fraîche; pressez-les dans vos mains. Si c'est pour un potage, vous les licellerez et les ferez cuire avec bon bouillon, et les servirez autour du plat à soupe : le bouillon où elles auront été cuites vous servira à mettre dans votre potage.

Si c'est pour entrée, après les avoir pressées, faites-les cuire avec du beurre, bon bouillon et coulis assaisonnés de bon goût.

Quand vous êtes prêt à servir, dégraissez le ragoût, et le mettez dessous le ragoût que vous jugerez à propos.

Les moûtans de laitues sont bons pour faire des entremets, et à garnir quelques entrées de viande. Après les avoir épluchés, mettez-les cuire avec de l'eau, où vous délayerez une cuillerée de farine; mettez-y un bouquet de fines herbes, deux ognons, racines, un peu de beurre et du sel.

Quand ils sont cuits, vous pouvez les servir en maigre, avec une sauce blanche, ou avec une liaison de jaunes d'œufs et de lait, comme une fricassée de poulet.

Au gras, mettez-les prendre goût dans un bon coulis,

et les servez avec telle viande que vous jugerez à propos, ou seuls pour entremets.

DE LA CHICOREE SAUVAGE BLANCHE ET DE LA VERTE.

La chicorée sauvage blanche n'est bonne que pour manger en salade.

La verte sert à mettre dans les bouillons rafraîchissans et à faire des décoctions de médecine.

DE LA CHICOREE BLANCHE ORDINAIRE.

Elle se mange en salade et sert à faire des ragoûts. Après l'avoir épluchée et lavée, faites la bouillir une demi-heure dans l'eau; retirez-la dans l'eau fraîche pour la bien presser; mettez-la ensuite cuire avec un peu de beurre, du bouillon et du coulis si vous en avez; sinon faites un petit roux de farine pour lier la sauce.

Quand elle est cuite, assaisonnée de bon goût, et dégraissée, mettez-y un peu d'échalottes pour ceux qui l'aiment, et servez dessous du mouton rôti, soit épaule, carré ou gigot.

Entremets. Si vous voulez la servir au blanc en maigre, à la place d'un roux de farine, mettez-y une liaison de jaunes d'œufs et de crème; servez-la dessous des œufs mollets.

DES CARDES-POIREES.

Après les avoir épluchées et lavées, faites-les cuire dans de l'eau, et les remuez de temps en temps pour que le dessus ne noircisse point.

Entremets. Quand elles sont cuites, mettez-les égoutter; vous faites une sauce blanche avec une pincée de farine, de l'eau, du beurre, sel, poivre, un filet de vinaigre. faites-la lier sur le feu, et y mettez les cardes bouillir un petit moment à petit feu pour qu'elles prenne du goût. Si le beurre était tourné en huile, ce serait une marque que la sauce serait trop épaisse; vous y mettrez une cuillerée d'eau, et les remuerez jusqu'à ce que la sauce soit revenue comme auparavant.

DES CARDONS D'ESPAGNE.

Entremets. Coupez-les de la longueur de trois pouces: ne mettez point ceux qui sont creux et verts: faites-les cuire une demi-heure dans de l'eau; et les retirez dans l'eau tiède pour les éplucher; vous les faites cuire avec du bouillon où vous avez délayé une cuillerée de farine; mettez-y du sel, oignons, racines, un bouquet de fines

herbes ; un filet de vinaigre, ou verjus en grains ; un peu
de beurre. Quand ils sont cuits, retirez-les ; pour les
mettre dans un bon coûlis avec un peu de bouillon ; faites-les bouillir une demi-heure dans cette sauce pour
qu'ils prennent gout, et les servez.

Que la sauce ne soit ni trop claire ni trop liée, et d'un
beau blond.

Si vous voulez les servir en maigre, vous les mettrez
dans une sauce, comme il est dit aux cardes-poirées.

Les artichauts se mangent, communément après avoir
coupé le vert de dessous, et coupé à moitié les feuilles de
dessus.

Faites-les cuire dans de l'eau avec un peu de sel et un
bouquet de fines herbes. Quand ils sont cuits, mettez-les
égoutter, et leur ôtez leur foin.

Entremets. Si c'est en gras, vous prendrez du bon coulis
et y mettrez un morceau de beurre ; un petit filet de vinaigre, sel, poivre ; faites lier la sauce sur le feu ; et la
mettez dans les artichauts.

Si c'est en maigre, vous mettez à la place une sauce
blanche. Ces mêmes artichauts étant cuits à l'eau et
refroidis, se mangent à l'huile avec sel, poivre et vinaigre.

Si vous voulez les faire frire, coupez-les par morceau ;
ôtez-en le foin ; lavez-les et les égouttez. Quand vous êtes
prêt à les faire frire, il faut les manier dans une casserole avec une petite poignée de farine, deux œufs blancs
et jaunes, un filet de vinaigre, poivre, faites-les frire
jusqu'à ce qu'ils soient jaunes ; et servez avec du persil
frit.

Etant coupés de la même façon, faites-les cuire dans
l'eau un quart-d'heure ; remettez-les à l'eau fraîche, et
les accommodez après en fricassée de poulet.

Quand ils seront cuits, vous mettrez une liaison, et les
servirez pour plats d'entremets.

ARTICHAUTS A LA SAINT-SIMON.

Entremets. Après en avoir ôté le vert de dessous, coupez
les feuilles de dessus à moitié, ou les partagez en deux.
Le foin ôté, et blanchi deux ou trois bouillons à l'eau
bouillante, on les met cuire avec du bouillon, du sel suffisamment, poivre, un bouquet de persil, ciboules, deux
clous de girofle, un oignon, une carotte et la moitié
d'un panais. Presque cuits, on les met égoutter, et ensuite
on les farine pour les faire frire, et servir garnis de r   il
frit.

ARTICHAUTS A LA BARIGOULLE.

Entremets. Prenez trois ou quatre artichauts, suivant
eur grosseur, ou la grandeur de votre plat d'entremets ;
coupez le vert de dessous et la moitié des feuilles ; mettez-
les dans une casserole avec du bouillon et de l'eau, deux
cuillerées de bonne huile, un peu de sel et de poivre, un
ignon, deux racines, un bouquet garni ; faites-les cuire,
t réduire entièrement la sauce. Quand ils sont cuits, et
qu'il ne reste plus de sauce, laissez-les frire un moment
dans l'huile pour faire rissoler ; mettez-les après sur une
tourtière avec l'huile qui reste dans la casserole, videz-
les de leur foin, et mettez dessus un couvercle de tourtière bien chaud, du feu sur le couvercle pour faire
griller les feuilles. Si vous avez un four chaud, ils n'en seront que plus beaux. Quand ils seront grillés d'une belle
couleur, servez avec une sauce à l'huile, vinaigre, sel et
gros poivre.

ARTICHAUTS AU VERJUS EN GRAINS.

Entremets. Prenez trois ou quatre artichauts ; après
avoir ôté le vert de dessous, et coupé à moitié les feuilles
de dessus ; faites-les cuire dans une petite braise : assaisonnez légèrement : mettez-les égoutter, et videz-les de
leur foin. Servez-les avec une sauce faite de cette façon :
vous mettez dans une casserole un morceau de beurre,
une pincée de farine, deux jaunes d'œufs, un filet de
verjus, sel, gros poivre ; faites lier la sauce sur le feu ;
quand elle est liée avec du verjus en grains que vous
avez fait bouillir un instant dans l'eau, et que vou.
mettez dans la sauce, vous servez les artichauts pour
entremets.

DES ASPERGES.

Elles se mangent de plusieurs façons. Les plus grosses
sont estimées les meilleures. L'on en fait des ragoûts pour
garnir des entrées de viande et de poissons, pour garnir
des potages. Elles se servent communément pour entremets avec une sauce.

Entremets. Pour cet effet, après leur avoir coupé une
partie du blanc, et bien lavées, vous les faites cuire
avec de l'eau et du sel : un demi-quart-d'heure suffit.
Pour être cuites comme il faut, elles doivent être un peu
croquantes.

Vous les dressez après sur le plat que vous devez servir,
mettez dessus une sauce.

Si c'est en gras, vous prenez du bon coulis : mettez-y un

reu de bon bon beurre, sel, gros poivre; faites lier la sauce
sur le feu, et la mettez dessus les asperges.

Si c'est en maigre, mettez dessus une sauce blanche.
Ces mêmes asperges, étant cuites à l'eau et refroidies, se
mangent à l'huile, vinaigre, sel et poivre.

Si vous voulez faire un ragoût, n'en prenez que le plus
tendre, que vous coupez de la longueur de deux doigts.
Quand elles sont cuites à l'eau et bien égouttées; mettez-
les dans une bonne sauce, et servez avec ce que vous jugerez à propos.

Si c'est pour un potage, prenez-en de petites; n'y mettez que le vert; faites-les bouillir un moment dans l'eau ;
retirez-les à l'eau fraîche, et les ficelez en petits paquets:
faites-les cuire dans le bouillon que vous destinez pour
votre potage.

Quand elles sont cuites, garnissez avec les bords du plat.

ASPERGES EN PETITS POIS.

Entremets. Après les avoir coupées de la grosseur des
petits pois, et les avoir bien lavées, faites-les cuire un moment dans l'eau: mettez-les égoutter, et les accommodez
comme les petits pois, à la demi-bourgeoise : n'en retranchez que les laitues.

DES CONCOMBRES.

Pour vous servir du concombre, il faut le peler, ôter
le dedans: vous le coupez par morceaux.

Si c'est pour un ragoût, faites-le tremper avec une demi-
cuillerée de vinaigre, un peu de sel, pendant deux heures, en le retournant de temps en temps. Par ce moyen,
il rendra son eau, froide à l'estomac, et vous le presserez
encore avant que de le mettre dans la casserole.

Faites-le cuire avec un morceau de beurre et du bouillon, un bouquet garni. Quand il est cuit, mettez-y un
peu de coulis, dégraissez le ragoût avant que de servir.

Si c'est en maigre, après les avoir pressés comme j'ai
dit, passés sur le feu, vous y mettrez une pincée de farine,
et mouillerez avec du bouillon. Étant cuits et sans sauce,
vous y mettrez une liaison de jaunes d'œufs et du lait.

Servez pour entremets ou hors-d'œuvre, avec des œufs
mollets dessus, ou sans œufs.

DES SALSIFIS ET SCORSONÈRES.

Entremets. Les salsifis et les scorsonères s'accommodent
de la même façon. Vous les ratissez et les lavez: faites-les
cuire comme les choux-fleurs et les servez avec une
sauce blanche.

DES ÉPINARDS.

Entremets. Après les avoir épluchés et lavés, faites-les cuire dans de l'eau ; vous les retirez après dans de l'eau fraîche pour les bien presser.

Mettez-les après dans une casserole avec un morceau de bon beurre ; les faites bouillir à petit feu sur un fourneau pendant un quart-d'heure ; vous y mettrez un peu de sel, une pincée de farine, et les mouillerez avec du lait ou de la crème.

En gras, à la place de la crème, vous y mettrez un bon coulis et du jus de veau. Quand ils seront accommodés de cette façon, vous pouvez les servir avec de la viande cuite à la broche.

ÉPINARDS FRITS ET GLACÉS.

Entremets. Cuits cinq ou six bouillons dans l'eau, égouttés, bien pressés, et hachés fin, on les passe sur le feu avec un bon morceau de beurre ; on y met un peu de sel, deux pincées de farine et du lait. Cuits et bien cuits, on y ajoute deux œufs crus, du sucre, du citron confit de la fleur d'orange pralinée, hachée. Étant bien liés sur le feu, on les étend sur un plat fariné, on jette dessus la farine. Lorsqu'ils sont froids, on les coupe comme on veut les faire frire, et ensuite glacer avec du sucre et pelle rouge.

DES MELONS.

Ils servent pour hors-d'œuvre au commencement du repas. Pour les choisir bons, quand vous les portez au nez, ils doivent sentir comme un goût de goudron, la queue courte et grosse ; en les pressant sous la main, qu'ils soient fermes et non mollasse, qu'ils ne soient ni trop verts ni trop mûrs.

DES TOPINAMBOURS.

Ils sont fort peu estimés ; ceux qui en veulent manger doivent les faire cuire dans l'eau, après les peler, et les mettre dans une sauce blanche avec de la moutarde.

DES BETTERAVES.

Elles se font cuire dans de l'eau ou au four ; elles se mangent en salade et en fricassée.

Pour les fricasser, mettez-les dans une casserole avec du beurre, persil, ciboules hachées, un peu d'ail ; un pincée de farine, du vinaigre suffisamment, sel, poivre; faites-les bouillir un quart-d'heure.

DES CORNICHONS.

Ils servent à garnir des salades cuites : l'on en fait aussi les ragoûts. Vous les faites bouillir un instant dans de l'eau pour leur ôter la force du vinaigre; mettez-les après dans une bonne sauce ou ragoût; ne les faites plus bouillir, et servez ce que vous jugerez à propos.

DES CHAMPIGNONS, MORILLES ET MOUSSERONS,

Entremets. Les champignons les meilleurs sont ceux qui viennent sur couche. L'on peut en avoir de frais toute l'année.

Il n'en est pas de même des morilles et mousserons qui naissent dans les bois, et se trouvent au pied des arbres aux mois de mars et avril.

Pour en avoir toute l'année, il faut les faire sécher Après avoir ôté le bout de la queue et lavés, faites-les bouillir un instant dans de l'eau; quand ils sont égouttés, mettez-les sécher dans le four : que la chaleur en soit très-douce; étant secs, mettez-les dans un endroit qui ne soit point humide.

Pour les employer; faites-les tremper dans de l'eau tiède.

Les champignons se font sécher de la même façon. Les morilles, mousserons et champignons, se servent tous de la même façon, et entrent dans une infinité de sauces et ragoûts.

Si vous voulez en servir pour entremets à la crème; vous les mettez dans une casserole avec un morceau de beurre, un bouquet de persil et ciboules : quand ils sont passé sur le feu, mettez-y une pincée de farine; mouillez avec de l'eau chaude, un peu de sel et un peu de sucre.

Quand ils sont cuits, et qu'il n'y a plus de sauce, mettez-y une liaison de jaunes d'œufs et de la crème.

Faites frire une croûte de pain dans du beurre; mettez es dans le fond du plat que vous devez servir, et votre ragoût par-dessus.

DES TRUFFES.

Entremets. Les grosses sont les plus estimées, celles viennent du Périgord sont les meilleures.

Elles se mangent ordinairement cuites avec du vin du bouillon, assaisonnées de sel, poivre, un bouquet fines herbes, racines et oignons.

les avoir fait tremper dans l'eau tiède, et bien frotté avec une braise, qu'il ne reste point de terre autour.

Quand elles sont cuites, vous le servez pour entremets dans une serviette.

La truffe est excellente dans toutes sortes de ragoûts soit hachée ou coupée en tranches, après l'avoir pilée, c'est un des meilleurs assaisonnemens que vous pouvez servir en cuisine.

TRUFFES A LA MARÉCHALE.

Entremets. Prenez de belles truffes bien lavées avec une brosse; mettez chaque truffe assaisonnée de sel, gros poivre enveloppée de plusieurs morceaux de papier, dans une petite marmite sans aucun mouillement, cuire dans la cendre chaude pendant une bonne heure, et les servez dans leur naturel.

CHAPITRE XII.

DES ŒUFS

Après la viande, rien ne fournit une plus grande diversité en cuisine que les œufs; c'est un aliment excellent et nourrissant, que le sain et le malade, le pauvre et le riche partagent ensemble.

Les œufs frais adoucissent les âcretés de la poitrine, les vieux sont sujets à incommoder ceux qui sont d'un tempérament chaux et bilieux.

Pour connaître si les œufs sont frais, présentez-les à la lumière : s'ils sont clairs et transparens c'est une bonne marque.

Quand ils sont piqués, mettez-les au rang des vieux, et s'ils ont une tache tenant à la coquille, c'est une preuve qu'ils ne valent rien.

Je dirai ici quelque chose de leur propriété, avant d'en venir aux différentes façons de les accommoder.

Le jaune d'œuf frais délayé dans de l'eau chaude avec un peu de sucre, le boire en se couchant, est bon pour les personnes enrhumées; c'est ce qu'on appelle lait de poule.

Comme la provision des œufs dans une maison est d'une grande ressource, et que l'hiver ils sont chers, les personnes ménagères qui ont des poules doivent en amasser pour l'hiver entre les deux Notre-Dames.

Pour cet effet, mettez-les dans un endroit qui ne soit ni trop chaud ni trop froid, la cave leur est bonne quand elle n'est point humide ; mettez les dans une futaille en été avec de la paille ; en hiver, changez-les pour les mettre avec du foin : il y en a qui se servent de sciure de bois de chaume, et d'autres de cendres.

Il est temps de venir présentement aux différentes façons dont ils peuvent s'accommoder dans le goût bourgeois.

DES OEUFS MOLLETS DE TOUTES FAÇONS.

Comme les œufs pochés à l'eau (c'est-à-dire dans l'eau bouillante) ne se font pas bien ronds quand ils ne sont pas frais, et que le bourgeois aime mieux le manger à la coque que de les sacrifier de cette façon, voici ce qui suppléera au défaut.

Hors-d'œuvre. Mettez de l'eau dans un poêlon ; faites-la bouillir, et mettez dedans la quantité d'œufs que vous jugerez à propos ; faites-les bouillir cinq minutes bien juste, et les retirez promptement dans de l'eau fraîche : il faut les peler tout doucement pour ne pas les rompre : par ce moyen, le blanc sera cuit, et le jaune tout mollet : vous sentirez sous le doigt qu'ils seront flexibles ; vous les servirez entiers.

Ces sortes d'œufs se servent de toutes façons, avec une sauce blanche, sauce verte, sauce au coulis, sauce aux câpres et anchois, sauce aux verjus en grains, sauce Robert, sauce ravigote, avec un ragoût de champignons, ragoût de truffes, ragoût de riz de veau, ragoût d'asperges, ragoût de cardes-poirées, ragoût de céleri, ragoût de laitue, ragoût de chicorée, en gras et en maigre, de telle façon que vous jugerez à propos.

OEUFS DE TOUTES FAÇONS À LA BOURGEOISE.

Tout le monde sait faire cuire les œufs à la coque, et plusieurs les font cuire trop ou pas assez.

Hors-d'œuvre. Pour ne les pas manquer, quand l'eau bout, mettez-les bouillir deux minutes, retirez-les, et les servez dans une serviette : de cette façon, ils sont immanquables.

DES OEUFS BROUILLÉS DE PLUSIEURS FAÇONS.

Entremets. Si vous voulez les faire au naturel, mettez simplement les œufs dans une casserole avec un peu de beurre, deux cuillerées à ragoût de coulis, et les assaisonnez : faites-les cuire sur un fourneau, en les remuant toujours avec un bâton à deux ou trois branches.

Quand ils sont cuits, servez-les promptement.

En maigre, à la place de ce coulis, mettez-y une cuil
lerée de crême, et les faites de la même façon.

ŒUFS AUX ÉPINARDS.

Entremets. On prend les épinards cuits à l'eau, bien pressés et pilés ; on les passe à l'étamine avec de la bonne
crême, on les délaye avec six œufs, et on les repasse une
seconde fois ; ensuite on y met du sucre, macarons pilés,
de l'eau de fleurs d'orange, une idée de sel ; on les met
dans le plat que l'on veut servir, pour les faire cuire sur
un petit feu, jusqu'à ce qu'il se fasse un petit gratin dans
le fond.

DES ŒUFS FRITS DE TOUTES FAÇONS.

Entremets. En gras, vous les faites frire avec du saindoux,
et en maigre, vous prenez du beurre fondu ; mettez-les
dans une poêle. Quand votre friture est bien chaude,
mettez les œufs un à un pour les frire ; faites en sorte qu'il
soient bien ronds en les retournant dans la poêle, et ne
laissez point durcir le jaune.

Vous servirez ces œufs de la même façon qu'il est dit
pour les œufs mollets, même sauce et même ragoût.

Hors-d'œuvre. Les œufs au beurre noir se font en mettant
dans une poêle un morceau de beurre que vous faites fondre sur le feu ; quand il ne crie plus, vous avez les œufs
cassés dans le plat, et assaisonnés de sel et poivre ; mettez-les dans la poêle, et les faites cuire ; p   une pelle
rouge par-dessus pour faire cuire le jaune, et servez avec
un filet de vinaigre dessus.

ŒUFS A LA BAGNOLET.

Entremets. Pochez huit œufs frais ; mettez dans une casserole du jambon cuit haché, avec un peu de coulis et de
bouillon, un filet de vinaigre, du gros poivre, peu de
sel : faites chauffer la sauce et servez sur les œufs.

LES ŒUFS AU PLAT, AUTREMENT DIT AU MIROIR.

Hors-d'œuvre. Prenez un plat qui aille au feu : vous
mettez dans le fond un peu de beurre étendu partout ;
mettez des œufs dessus assaisonnés de sel, poivre, et deux
ou trois cuillerées de lait ; faites-les cuire à petit feu su
un fourneau ; passez la pelle rouge, et servez.

174

OEUFS.

OEUFS AU LAIT.

Entremets. Pour les faire, vous prenez trois œufs que vous délayez avec une demi-cuillerée de farine, gros comme une noix de sucre, un peu de sel, et trois poissons de lait; mettez le tout dans le plat que vous devez servir; faites-les cuire sur un fourneau: un quart-d'heure suffit; passez la pelle rouge, et servez d'abord qu'ils sont cuits.

DES OMELETTES DE TOUTES FAÇONS.

Entremets. Prenez la quantité d'œufs que vous voulez employer; mettez-les dans une casserole avec du sel fin, battez bien les œufs. Vous faites fondre du beurre dans une poêle, et mettez dedans les œufs; faites cuire l'omelette: qu'elle soit d'une belle couleur en dessous, et la renversez dans le plat que vous devez servir. Ceux qui aiment le persil et les ciboules, en mettent dedans quand ils sont hachés très-fin.

Si vous voulez faire des omelettes plus distinguées, comme omelette au lard, omelette au rognon de veau, aux pointes d'asperges, aux truffes, aux champignons, morilles et mousserons, de telle espèce que vous voudrez les faire.

Il faut toujours que votre ragoût soit cuit et assaisonné comme si vous vouliez le servir.

Entremets. Quand il est froid, vous le hachez pour qu'il se mêle bien dans les œufs; vous battez le tout ensemble, et ferez cette omelette dans une poêle comme les autres; vous vous réglerez sur l'assaisonnement qu'il y a dans le ragoût pour saler l'omelette, afin de ne la point faire de trop haut goût.

Celles que l'on fait pour la farce, laitue et chicorée, se font différemment.

Hors-d'œuvre. Vous ferez ces ragoûts en maigre, comme il est dit à chaque article de ces herbes; vous les dresserez dans le plat que vous devez servir, et mettrez dessus une omelette où il n'y aura que des œufs et du sel, et les servirez pour hors-d'œuvre, et les précédentes pour entremets.

OMELETTES AUX HARENGS SAURETS ET JAMBON.

Entremets. Ouvrez les harengs par le dos, faites-les griller; hachez-les, et mettez-les dans l'omelette comme si vous mettiez du jambon: il ne faut point de sel dans les œufs, et finissez cette omelette comme les autres. Celle au jambon se fait de la même façon.

DES OEUFS A LA TRIPE, AUX CONCOMBRES ET AUTRES FAÇONS.

Prenez des concombres, que vous coupez par petits morceaux de la grosseur du doigt ; passez-les sur le feu avec du beurre, persil, ciboules hachées ; mettez-y après une pincée de farine, et mouillez avec un peu d'eau assaisonnée de sel et de poivre.

Quand ils sont cuits, et qu'il n'y a plus de sauce, mettez-y des œufs durs coupés par tranches en quatre, et y mettez du lait ; faites-leur faire un bouillon ; goutez s'ils sont de bon gout, servez. Les autres se font en retranchant les concombres.

Si vous voulez faire des œufs à la tripe au roux, vous prenez un peu de beurre, une cuillerée de farine, que vous faites roussir sur le feu, et mettez après une poignée d'oignons coupés en petits carrés ; faites-les cuire dans ce roux, en y mettant encore un peu de beurre, et les mouillez avec du bouillon.

Quand l'oignon est cuit, vous y mettez des œufs durs coupés en tranches ; faites-leur faire un bouillon, et mettez un filet de vinaigre, sel et poivre. Servez à courte sauce.

Mettez dans une casserole de l'oignon coupé en filets, que vous faites cuire à petit feu avec du beurre. Quand ils sont cuits, mettez un peu de coulis maigre, si vous en avez ; sinon vous ferez un petit roux avec du beurre et de la farine, mettez ensuite votre oignon, et le mouillez avec un verre de vin blanc et un peu d'eau ; assaisonnez avec du sel et du gros poivre. Quand votre oignon est cuit, et la sauce réduite, vous avez une omelette bien sèche, que vous coupez en filets, mettez-la dans le ragout d'oignons ; faites chauffer sans bouillir : mettez-y de la moutarde quand vous êtes prêt à servir.

OEUFS AU GRATIN.

Entremets. Prenez un plat qui aille au feu ; mettez dessus un petit gratin que vous faites avec de la mie de pain, un bon morceau de beurre, un anchois haché, persil, ciboules, une échalotte, le tout haché, trois jaunes d'œufs ; mêlez le tout ensemble ; pour le mettre au fond du plat de l'épaisseur d'un écu ; faites-les attacher sur un petit feu ; ensuite vous casserez dessus sept ou huit œufs, que vous assaisonnerez de sel, gros poivre ; faites cuire doucement ; passez la pelle rouge dessus. Quand ils seront cuits, le jaune mollet, servez.

OEUFS BROUILLÉS A LA COQUE.

Hors-d'œuvre ou entremets. Coupez autant de mie de pain en rond de la forme d'une petite tabatière, que vous voulez servir d'œufs; faites un petit trou dans le milieu pour y faire tenir un œuf dans sa longueur; ensuite vous prenez les œufs que vous brouillez; cassez-les promptement par un bout pour les vider; brouillez-les en les mettant dans une casserole avec un petit morceau de beurre, un peu de persil, ciboules hachées, sel, gros poivre, deux cuillerées de crême; faites-les cuire sur le feu, en les remuant toujours jusqu'à ce qu'ils soient cuits, et vous les remettrez dans leurs coquilles, que vous aurez lavées et égouttées; dressez-les sur les mies de pain.

OEUFS A LA HUGUENOTTE.

Entremets. Prenez le plat que vous devez servir; et mettez sur un moyen feu avec un peu de jus; cassez doucement des œufs pour que les jaunes restent entiers; assaisonnez de sel, gros poivre, faites cuire le dessus avec une pelle rouge, et servez à demi-mollets.

OEUFS AU PETIT LARD.

Entremets. Prenez un bon quarteron de petit lard bien entrelardé, coupez-le en petites tranches minces; mettez-le dans une casserole sur un petit feu, jusqu'à ce qu'il soit cuit: ayez soin de le retourner, ensuite vous verserez le lard fondu dans le plat que vous devez servir, avec deux cuillerées de jus; cassez sept ou huit œufs; mettez-y aussi les tranches de petit lard, du gros poivre, peu de sel; faites cuire sur un petit feu, passez la pelle rouge dessus. Servez demi-mollets.

OEUFS EN FILETS.

Hors-d'œuvre. Prenez sur le feu avec un morceau de beurre, de l'oignon, des champignons coupés en filets avec une petite pointe d'ail. Quand l'oignon commence à se colorer, mettez-y une bonne pincée de farine; mouillez avec du bouillon et un verre de vin blanc, sel, gros poivre; faites bouillir une demi-heure et réduire au point d'une sauce; ensuite vous y mettrez des œufs durs, les blancs coupés en filets et les jaunes entiers; faites bouillir un moment, et servez.

ŒUFS A LA CRÈME.

Hors-d'œuvre ou entremets. Mettez dans le plat que vous devez servir un demi-setier de crème; faites bouillir et réduire à moitié; mettez-y huit œufs, sel, gros poivre; faites les cuire; passez la pelle rouge par-dessus. Servez à demi-mollets.

ŒUFS AU FROMAGE.

Entremets. Mettez dans une casserole un quarteron de fromage de Gruyère râpé, gros comme la moitié d'un œuf de beurre, persil, ciboules hachées, un peu de muscade, un demi-verre de vin blanc; faites bouillir à petit feu, en le remuant jusqu'à ce que le fromage soit fondu, ensuite vous y mettrez six œufs pour les bouillir et cuire à petit feu. Servez garnis de mie de pain sur les bords du plat.

ŒUFS AU PAIN.

Hors-d'œuvre ou entremets. Mettez dans une casserole une demi-poignée de mie de pain avec un poisson de crème, sel, poivre, un peu de muscade; quand le pain a bu toute la crème, cassez-y six œufs, et les battez ensemble pour en faire une omelette.

ŒUFS AU GRATIN AU PARMESAN.

Hors-d'œuvre ou entremets. Mettez dans le fond du plat que vous devez servir de la mie de pain gros comme la moitié d'un œuf, avec un peu de fromage de parmesan râpé, un morceau de beurre; deux jaunes d'œufs crus; un peu de muscade et du gros poivre; mêlez le tout ensemble et l'étendez dans le fond du plat: faites attacher sur le feu, et ensuite vous y cassez dix œufs; poudrez tout le dessus des œufs avec du parmesan râpé, faites cuire et passez la pelle rouge dessus. Servez, que les jaunes soient demi-mollets.

ŒUFS A LA BOURGEOISE.

Hors-d'œuvre ou entremets. Etendez du beurre de l'épaisseur d'une lame de couteau dans le fond du plat que vous devez servir; mettez-y partout des tranches de mie de pain coupées très-minces, et aussi de petites tranches de fromage de Gruyère, ensuite huit ou dix œufs; assaisonnez de peu de sel, muscade, gros poivre; faites cuire à petit feu sur un fourneau.

S.

OEUFS À L'AIL.

Hors-d'œuvre. Ayez dix gousses d'ail cuites un demi-quart-d'heure dans de l'eau; pilez-les avec deux anchois, une bonne pincée de câpres; ensuite vous les délayerez avec de l'huile, un filet de vinaigre, un peu de sel, gros poivre; mettez cette sauce dans le fond du plat que vous devez servir, et des œufs durs dessus arrangés proprement.

OEUFS A LA JARDINIÈRE.

Hors-d'œuvre. Mettez dans une casserole quatre ou cinq gros oignons coupés en filets avec un morceau de beurre passez-les sur le feu jusqu'à ce qu'ils soient presque cuits ensuite vous y mettez une bonne pincée de farine; mouillez avec une chopine de lait; assaisonnez de sel, gros poivre; faites bouillir jusqu'à ce que la sauce soit épaisse; ôtez-les du feu pour y mettre dix œufs que vous battez ensemble: mettez le tout dans le plat que vous devez servir, pour le mettre cuire sur un petit feu couvert d'un couvercle de tourtière.

OEUFS A L'EAU.

Entremets. Prenez une casserole, mettez dedans une chopine d'eau, un peu de sucre, de l'eau de fleur d'orange, de l'écorce de citron vert: faites bouillir à petit feu pendant un quart-d'heure, mettez-la ensuite refroidir, et cassez dans une autre casserole sept jaunes d'œufs: ils sont suffisans, si votre plat d'entremets est petit; s'il est grand vous en mettez davantage; vous délayerez les jaunes d'œufs avec ce que vous avez mis à refroidir: passez ensuite au tamis; et faites cuire au bain-marie dans le plat que vous devez servir. Pour être bien cuits, ils doivent être un peu trempés, sans avoir d'eau dans le fond: cela dépend du plus ou du moins que vous mettrez de jaunes d'œufs.

CHAPITRE XIII.

DU BEURRE.

Voici la façon de le faire fondre: sur trente livres de beurre que vous mettrez dans un chaudron bien propre, mettéz-y quatre clous de girofle, deux feuilles de laurier, deux oignons ; faites cuire ce beurre à petit feu pendant trois heures sans l'écumer, jusqu'à ce qu'il soit clair fin : vous le retirez après du feu pour le laisser reposer une heure, vous l'écumez ensuite et le versez doucement dans des pots de grès.

Passez le fond du beurre à travers un tamis.

Quand vos pots sont pleins, portez-les à la cave ; étant froids couvrez-les de papier et d'une ardoise.

Ce beurre se garde long-temps sans se gâter.

La façon du beurre salé est aussi bonne quand il est bien façonné. Après l'avoir lavé plusieurs fois pour lui faire sortir son lait, prenez-en deux livres à la fois, que vous mettez sur une table bien nette ; étendez-le avec un rouleau comme un morceau de pâté de l'épaisseur d'un doigt ; répandez du sel dessus en suffisante quantité, pliez le beurre en trois ou quatre, et le repétrissez de la même façon jusqu'à ce qu'il soit mêlé avec le sel.

Vous continuerez de cette manière, deux livres par deux livres jusqu'à définition ; vous le mettrez à mesure dans des pots de grès bien propres, et le presserez bien avec les mains pour qu'il ne reste point de vide.

Quand les pots seront pleins, vous prendrez du sel que vous ferez fondre avec un pot d'eau que vous mettrez sur la superficie des pots ; portez-les à la cave pour les conserver, et les couvrez de la même façon que ceux du beurre fondu.

CRÈME AU BISCUIT.

Entremets. Faites bouillir une pinte de lait avec une tranche de citron vert, une bonne pincée de coriandre, un peu de canelle ; réduite à plus de moitié et presque froide, on la délaie avec une cuiller à café de farine et six jaunes d'œufs ; passée au tamis, on la fait cuire au bain-marie : presque cuite, on la coupe de tranches minces de biscuit, et on achève la cuisson.

CRÈME MERINGUÉE.

Entremets. Délayez dans une casserole six jaunes d'œufs (l'on met les blancs à part dans une terrine sans qu'il reste de jaune) avec deux cuillerées de farine, une chopine de crème, une idée de sel, de l'eau de fleur d'orange et du sucre ; on fait cuire une demi-heure sur le feu en remuant toujours ; ensuite on la dresse sur le plat que l'on doit servir ; on fouette les blancs d'œufs, quand ils sont bien montés en neige, l'on y met beaucoup de sucre très-fin ; couvrez la crème en façon de dôme avec les blancs d'œufs,

sous un couvercle de tourtière pendant une demi-
heure : bien cuite, d'une belle couleur dorée ; servez tout
de suite.

CRÈME A LA BONNE AMIE.

Entremets. Délayez deux cuillerées de farine avec quatre
œufs, une chopine de crème, une tablette de chocolat,
citron confit, fleur d'orange pralinée, le tout haché fin
et du sucre, on fait cuire sur le feu pendant une demi-
heure, en la tournant toujours ; on y ajoute un peu de
crème si elle devient trop épaisse : bien cuite, dressez-la
sur le plat ; en servant, jetez dessus du sucre fin, passez
la pelle rouge pour la glacer.

CRÈME GLACÉE.

Entremets. Prenez une casserole, où vous mettrez une
petite poignée de farine, du citron vert haché très-fin,
une pincée de fleur d'orange pralinée et pilée, un morceau
de sucre ; délayez le tout avec huit jaunes d'œufs, dont
vous mettez les blancs à part dans une terrine bien propre, et délayez les jaunes avec une chopine de crème et
un demi-setier de lait.

Faites cuire cette crème sur le feu pendant une demi-
heure.

Quand elle est épaisse, vous la retirez du feu, et fouet-
tez les blancs avec un fouet.

Quand ils sont bien montés, vous les mêlez dans la
crème ; mettez cette crème dans le plat que vous devez
servir, et du sucre par-dessus, que la crème en soit bien
couverte.

Faites-la cuire au four, qu'il ne soit pas trop chaud,
ou sous un couvercle de tourtière : quand elle est bien
montée et glacée, servez.

CRÈME A MOELLE.

Entremets. Prenez huit jaunes d'œufs, que vous délayez
avec deux cuillerées de farine, un peu de citron vert haché très-fin, un peu d'eau de fleur d'orange et trois demi-
setiers de crème, un morceau de sucre.

Vous prenez ensuite un quarteron de moelle, que vous
faites fondre sur le feu, et la passez dans un tamis ; mettez
la moelle dans la crème.

Faites cuire cette crème sur le feu pendant une demi-
heure ; retirez-la ensuite pour y mettre les huit blancs
d'œufs fouettés que vous aurez mis à part dans une terrine ; mêlez-les dans la crème, et dressez dans le plat que
vous devez servir.

Faites-la cuire au four ou sous un couvercle de tourtière, comme la précédente. Quand elle est cuite, vous
prenez un doroir ou quelques plumes bien propres, que
vous trempez dans de bon beurre chaud; passez légèrement sur la crème, et mettez tout de suite de la nompa-
reille : ce sont de petites dragées de toutes couleurs, et
servez.

CRÈME AU CAFÉ.

Entremets. Mettez trois demi-setiers d'eau dans une ca-
fetière ; quand elle bouillera vous y mettrez deux onces
de café : remuez-le avec une cuiller, et le remettez au feu
pour le faire bouillir, jusqu'à ce qu'il ait monté quatre
ou cinq fois. Laissez-le reposer pour le tirer à clair, et le
mettez ensuite dans une casserole avec une chopine de
lait et un morceau de sucre ; faites le bouillir jusqu'à ce
qu'il ne reste que ce qu'il vous faut pour la grandeur de
votre plat. Délayez cinq jaunes d'œufs avec une pincée de
farine, et ensuite la crème : passez-la au tamis pour la
mettre dans le plat que vous devez servir, qui doit être
sur une casserole où il y a de l'eau prête à bouillir ; couvrez
d'un couvercle de casserole, avec un peu de feu dessus ;
faites bouillir jusqu'à ce que la crème soit prise. Servez
chaudement.

CRÈME AU CHOCOLAT.

Entremets. Râpez deux tablettes de chocolat, et le mettez dans une casserole avec un demi-quarteron de sucre,
une chopine de lait, un demi-setier de crème ; faites
bouillir jusqu'à ce qu'elle soit diminuée d'un tiers. Quand
elle sera à demi-froide, délayez-y cinq jaunes d'œufs, passez-la au tamis, et la faites prendre au bain-marie comme
la précédente.

CRÈME AU CARAMEL.

Entremets. Mettez dans une casserole une chopine de
lait, un demi-setier de crème avec un morceau de cannelle, une bonne pincée de coriandre, de l'écorce de citron vert ; faites bouillir un quart-d'heure ; ôtez-la du
feu, et mettez dans une poêle d'office un quarteron de
sucre avec un demi-verre d'eau ; faites bouillir sur un
fourneau jusqu'à ce qu'il soit au caramel, c'est-à-dire de
couleur de cannelle foncée ; ôtez-le du feu, et y mettez
la crème. Remettez sur le feu jusqu'à ce que le sucre soit
délayé avec la crème ; ensuite vous délayez cinq jaunes
d'œufs avec une pincée de farine, mettez-y la crème ;
passez-la au tamis pour la faire cuire au bain-marie
comme les précédentes.

CREME A LA FRANGIPANE.

Entremets. Mettez dans une casserole deux cuillerées de farine, avec du citron vert râpé, de la fleur d'orang grillée, hachée, une petite pincée de sel ; délayez avec cinq œufs blancs et jaunes, une chopine de bon lait, un morceau de sucre ; faites cuire, en la tournant toujours sur le feu pendant une demi-heure. Quand elle sera froide, elle vous servira pour faire une tourte de frangipane ou des tartelettes : vous n'aurez plus qu'à la mettre sur une pâte de feuilletage. Quand elle sera cuite, vous la glacerez avec du sucre. Les tourtes à la moelle se font de la même façon, à cette différence que vous mettez de la moelle de bœuf fondue et passée au tamis dans la crème avant de la retirer du feu ; laissez-la cuire un petit moment dans la crème.

CREME A LA DUCHESSE.

Entremets. Mettez dans une casserole une chopine de lait avec un demi-setier de crême, avec un morceau de cannelle, une écorce de citron vert ; un demi-quarteron de sucre ; faites bouillir une demi-heure et diminuer d'un tiers ; passez-la au tamis, et la délayez ensuite avec six jaunes d'œufs et une pincée de farine ; mettez-y quelques biscuits d'amandes amères, une demi-tablette de chocolat, un peu de fleur d'orange pralinée, le tout haché très-fin ; faites-la cuire au bain-marie, comme celle au café.

CREME DE RIZ POUR LES CONVALESCENS.

Ayez un quarteron de riz épluché et lavé dans trois quatre eaux tièdes, mettez-le cuire avec un bon bouillon gras. Lorsqu'il est cuit et épais, écrasez-les avec une cuiller, et le mettez ensuite dans une étamine pour le passer, en le bourrant fort avec une cuiller de bois : mettez-y de temps en temps un peu de bouillon chaud pour aider à le passer. Servez-le dé l'épaisseur d'une crême double.

DES BEIGNETS DE CRÈME.

Entremets. Prenez une poignée de farine, que vous délayez avec trois œufs entiers et six jaunes, quatre macarons écrasés, de la fleur d'orange pralinée et grillée, un peu de citron confit haché, un demi-setier de crême et un demi-setier de lait, un bon morceau de sucre.

Faites cuire le tout sur le feu un quart-d'heure ; que votre crême devienne bien épaisse, et mettez refroidir sur un plat farinée, mettez encore dessus de la farine, après l'avoir étendue de l'épaisseur d'un pouce.

Quand elle est froide, vous la coupez par petits morceaux ; pour les arrondir dans vos mains avec de la farine, faites-les frire à friture chaude, et saupoudrez de sucre fin par-dessus en les servant.

BEIGNETS DE BRIOCHE.

Entremets. Prenez de petites brioches que vous coupez par moitié ; ôtez-en la mie, et mettez à la place une crème cuite ou des confitures ; recollez ensemble les deux moitiés de façon qu'elles paraissent entières ; trempez-les dans une pâte faite avec de la farine, un peu d'huile, du sel, et délayez avec du vin blanc ; faites-les frire de belle couleur, et les glacez de sucre et à la pelle rouge.

BEIGNETS DE POMMES ET DE PECHES.

Prenez des pommes de reinette que vous coupez en quatre quartiers, ôtez la peau et les pépins : parez-les proprement : faites-les mariner deux ou trois heures avec de l'eau-de-vie, du sucre, de l'écorce de citron vert, de l'eau de fleur d'orange. Quand elles ont bien pris goût, mettez-les égoutter, et ensuite mettez-les dans un torchon blanc avec de la farine : remuez-les bien dedans pour qu'elles prennent de la farine ; faites-les frire de belle couleur, et les glacez avec du sucre et la pelle rouge. Les beignets de pêches se font de la même façon.

Vous faites aussi des beignets de pommes en pâte : pour lors vous creusez votre pomme par le milieu, sans la rompre, pour en ôter les pépins ; vous les pelez et coupez en tranches de l'épaisseur d'un écu : faites-les mariner comme les précédentes : trempez-les ensuite dans une pâte faite comme celle des beignets de brioche : faites-les frire et servez-les glacés avec du sucre.

BEIGNETS D'ORANGES.

Faites une pâte avec du vin blanc, de la farine et une cuillerée de bonne huile, un peu de sel : délayez cette pâte ; qu'elle ne soit ni trop claire, ni trop épaisse : qu'elle file en la versant avec la cuiller. Trempez vos quartiers d'oranges dedans pour les faire cuire dans une friture

jusqu'à ce qu'elle soit de belle couleur : servez-les glacés de
sucre fin, et la pelle rouge.

BEIGNETS DE FRAISES.

Entremets. On fait une pâte avec de la farine, une
cuillerée d'eau-de-vie, un demi-verre de vin blanc, deux
blancs d'œufs fouettés, citron vert haché, bien délayée :
sans être trop épaisse ni trop liquide : il faut qu'elle file
en la versant de la cuiller. On y trempe de grosses fraises,
on les fait frire et on les glace avec du sucre et la pelle
rouge.

BEIGNETS A LA VENITIENNE.

Entremets. On fait cuire du riz avec du lait : bien cuit et
bien épais, on le remue avec deux cuillerées de farine, du
sucre fin, trois œufs blanc et jaune, de la fleur d'orange
pralinée et citron vert haché, de la pomme reinette coupée en petits dés, et du raisin de Corinthe : l'on en forme
de petits tas que l'on arrange sur du papier, on les fait
frire. En servant, on les poudre de sucre.

BEIGNETS A LA CREME GLACÉS.

Entremets. Mettez dans une casserole un demi-setier de
crème, un demi-setier de lait, un peu de sel, une pincée
de citron vert haché très-fin ; faites bouillir et réduire à
moitié : ensuite vous y mettrez trois grandes cuillerées de
farine que vous délayez sur le feu avec la crème, et la tour-
nerez jusqu'à ce qu'elle soit bien épaisse. Otez-la du feu
pour la mettre sur la table ; abattez-la avec le rouleau,
jusqu'à ce qu'elle soit mince comme un petit écu : coupez-
la en losange ; faites-la frire, et glacez avec du sucre et la
pelle rouge.

CHAPITRE XIV.

DE LA PATISSERIE.

Je n'entrerai point ici dans le détail général de toute la
pâtisserie ; il suffit qu'une cuisinière puisse servir une table
bourgeoise, et qu'elle sache faire des tourtes de plusieurs
façons pour entrées ou pour entremets, en gras et en
maigre, et des pâtisseries froides

Pour des entremets du milieu qui servent plusieurs fois l'essentiel est de se bien attacher à faire la pâte de la façon qu'il sera expliqué; et, pour la cuisson des viandes qu'elle mettra en pâte, de savoir combien il lour faudra de temps pour être cuites à la braise, et de ne la laisser jamais qu'une demi-heure de plus dans le four.

Autre article très-essentiel pour les personnes qui font de la pâtisserie, c'est de savoir gouverner et connaître le four dont on se sert.

Pour cet effet, si ce sont des pièces qui soient longues à cuire, faites chauffer le four long-temps : vous ne risquez rien de le chauffer plus qu'il ne faut, pourvu que vous le laissiez abattre de sa chaleur; c'est-à-dire, après que le four est nétoyé, fermiez-en la porte, et soyez un demi-heures avant de rien enfourner : par ce moyen vous ne risquez point de brûler votre pâtisserie.

Pour les pièces qui ne sont point longues à cuire, vous aurez soin que le four ne soit pas si chaud, principalement pour la pâtisserie de feuilletage, qui cuirait trop promptement, et n'aurait pas le temps de monter.

DE LA PATE BRISEE POUR LES TOURTES.

Sur un quart de farine, mettez un quarteron de bon beurre, environ une once de sel. Vous vous réglerez sur cette dose pour le plus ou le moins que vous ferez de pâte.

Mettez votre farine sur une table bien propre; faites un trou dans le milieu pour y mettre le sel, le beurre en petits morceaux; mettez-y de l'eau avec prudence, parce que, si vous en mettiez trop, votre pâte serait trop claire, et n'aurait point de soutien : vous maniez bien le beurre avec l'eau, et petit à petit avec la farine.

Quand la farine a bu toute l'eau, vous la pétrissez ensuite à force de bras, le moins de fois qu'il se pourra, pour ne pas la rendre coriace. Votre pâte ne saurait être trop épaisse, pourvu qu'elle soit bien liée, et qu'il n'y ait point de grumeaux dedans. Vous aurez soin de faire cette pâte au moins deux heures avant de vous en servir, pour qu'elle ait le temps de revenir.

C'est avec cette pâte que vous ferez toutes sortes de tourtes pour entrées, comme viande de boucherie, gibier, volaille, poisson.

Les tourtes que vous pouvez faire de différentes façons en volaille, sont d'une poularde coupée en quatre, de petits pigeons entiers et coupés en deux, quand ils sont gros, ou avec des ailerons de dindons.

Vous prendrez ce que vous jugerez à propos, que vous échauderez, et le ferez bouillir un instant dans l'eau, pour le retirer tout de suite à l'eau fraîche.

Il faudra le bien éplucher. Vous prendrez votre tourtière pour y mettre un morceau de pâte dessus de l'épaisseur d'un écu, que vous aurez abattu avec un rouleau.
Mettez dessus cette viande que vous avez préparée, avec
sel, poivre, et dans tous les vides du bon beurre; couvrez
la viande avec des bardes de lard; mettez sur la viande
une pareille abaisse que vous avez mise dessous: mouillez
avec de l'eau et un doroir les deux endroits qui doivent
se toucher ensemble, et les pincez tout autour pour qu'ils
se collent ensemble; faites ensuite un bord en tournant
tout autour avec le pouce; prenez un œuf que vous battez,
blanc et jaune ensemble, et, avec le doroir ou plume,
frottez-en tout le dessus de la tourte.

Faites-la cuire au four trois heures: un quart-d'heure
après qu'une tourte est au four, il faut la sortir pour faire
un trou au milieu pour laisser sortir la fumée qui la ferait
fuir, et la remettre tout de suite dans le four.

Quand elle est cuite, vous ôtez le dessus, en la coupant
tout autour proche le bord; ôtez la graisse qui est dans la
tourte et les bardes de lard, et, avec une cuiller à bouche,
vous enlevez ce qui est en dedans du bord qui n'est pas
cuit.

Vous avez ensuite dans une casserole une bonne sauce
toute prête et d'un bon goût, que vous mettez dans la
tourte.

Si vous avez de quoi faire un bon ragoût de riz de veau
et champignons, d'un bon goût pour mettre dedans, elle
n'en sera que meilleure. Recouvrez-la avec son dessus, et
servez.

Voilà la façon que vous observerez pour toutes sortes de
tourtes pour entrée, soit en gras ou en maigre: il n'y aura
que les viandes qui seront dedans; leur assaisonnement,
le temps de leur cuisson, et les sauces différentes qui en
feront le changement. Pour ce qui regarde la pâte, c'est
toujours la même répétition.

TOURTES DE CÔTELETTES DE MOUTON A LA PÉRIGORD.

Entrée. Prenez un carré de mouton, que vous couperez
en côtelettes fort courtes; ne laissez pas l'os qui marque
la côtelette. Après avoir foncé de pâte la tourtière, comme
il est dit ci-devant, vous arrangerez les côtelettes dessus;
vous prenez autant de moyennes truffes. Après les avoir
pelées, vous les mettez entre les côtelettes, et assaisonnez
par-dessus avec du sel fin et un peu d'épices mêlées; couvrez de bardes de lard; et sur les bardes vous y mettez
partout du beurre de l'épaisseur d'un écu. Vous finissez
ensuite la tourte comme il est dit ci-dessus.

Faites-la cuire au moins trois heures.

Quand elle sera cuite, vous mettrez un bon coulis

où vous aurez mis un bon verre de vin de Champagne : vous ne l'avez pas, que ce soit du bon vin blanc.

Vous pouvez encore faire des tourtes de côtelettes de mouton, sans y mettre des truffes : pour lors, il ne faudra point de vin dans votre coulis.

Les tourtes de tendrons de veau se font dans le même goût, la seule différence est de faire bouillir un moment les tendrons, et les retirer à l'eau fraîche.

DE TOUTES SORTES DE TOURTES DE GIBIER.

Entrée. Le lapin, il faut le couper par membres, casser un peu les os avec le dos du couperet.

Si vous voulez faire une tourte de lièvre, ôtez-en tous les os, et n'y mettez que la chair. Les os vous serviront pour faire un civet pour les domestiques.

La bécasse : pour en faire une tourte, vous en prenez deux que vous coupez chacune en quatre ; vous hachez les dedans avec du lard ; et vous les mettez au fond de la tourte.

Les alouettes : il faut leur ôter les pattes, le cou, et les vider du dedans. Faites-en une farce comme de la bécasse.

Après avoir observé sur tous ces gibiers, de chacun en particulier, ce que je viens d'en dire, ce qui reste à faire pour toutes les tourtes se trouve à toutes égal.

Entrée. Vous les mettez dans la tourtière avec un bouquet de fines herbes, sel et fines épices. Couvrez de bardes de lard et de beurre ; mettez dessus votre abaisse de pâte pour la finir comme les autres.

Quand elles sont cuites et dégraissées, mettez dedans une bonne sauce faite avec un bon coulis. En servant, pressez dans la sauce le jus de deux oranges. Si vous avez à la place de la sauce un bon ragoût, soit de ris de veau et champignons, ou ragoût de truffes coupées par tranches, votre tourte n'en sera que meilleure et plus estimée.

Vous y mettrez toujours en servant le jus d'un orange par rapport au gibier, qui veut avoir un peu de piquant.

TOURTES DE TOUTES SORTES DE FARCES.

Entrée. Prenez de telle sorte de viande que vous jugerez à propos, comme tranches de bœuf, rouelle de veau, gîte de mouton, ou gibier et volaille, qu'il n'y ait point de petits os ni de filandres : vous aurez soin de les ôter si vous en trouvez. Il ne faut que d'une viande à la fois ; une bonne demi-livre ou trois quarterons suffisent ; il faut la hacher avec des couteaux, et mettre avec autant de bonne graisse de bœuf, persil, ciboules et champignons, le tout haché très-fin ; assaisonné de sel fin, un peu d'épices mêlées.

Quand le tout est bien mêlé, vous y mettez deux œufs entiers, et mouillez avec un demi-setier de crème.

Quand cette farce est finie, goûtez si elle est assaisonnée de bon goût; foncez votre tourtière d'une abaisse de pâte; mettez cette farce dessus de l'épaisseur d'un pouce; vous la couvrez ensuite de pâte, et finissez comme les autres.

Faites-la cuire deux heures : si c'était du bœuf ou du mouton, vous la laisseriez plus long-temps.

Quand elle est cuite et bien dégraissée, passez votre couteau sur la farce pour la couper en carreaux, mettez dessus un bon coulis clair, et servez.

DES TOURTES MAIGRES EN POISSON.

Prenez tel poisson que vous jugerez à propos, soit anguille, brochet, saumon, tanche, etc.

Après l'avoir écaillé et coupé par tronçons, foncez une tourtière avec la même pâte, comme il est dit aux autres; mettez dessus le poisson avec un bouquet de fines herbes, sel fin, fines épices, et couvrez tout le poisson avec du bon beurre : mettez après votre abaisse de pâte, finissez la tourte comme il est expliqué pour les précédentes : une heure et demie suffit pour la cuisson d'une tourte de poisson.

Quand elles sont cuites et dégraissées comme les autres, vous mettez un ragoût maigre frit de cette façon.

Prenez une pincée de farine que vous faites roussir avec un peu de beurre; quand le roux est fait, mouillez avec un demi-setier de vin blanc, du bouillon maigre ou de l'eau tiède; mettez-y des champignons, un bouquet de fines herbes, un peu de sel; faites bouillir ce ragoût une demi-heure, et dégraissez. Vous avez des laitances de carpe, que vous faites bouillir un moment dans l'eau, et les retirez à l'eau fraîche, mettez-les après dans ce ragoût bouillir un demi-quart-d'heure.

Quand il est fini et d'un bon goût, vous le mettez dans la tourte. Vous pouvez encore vous servir de différens ragoûts maigres, pour mettre dans ces sortes de tourtes; comme des truffes, mousserons, morilles, pointes d'asperges suivant la saison où vous vous trouverez.

DE LA PATE BRISÉE POUR LES PATÉS FROIDS.

Les cuisinières qui auront l'adresse de faire un pâté dressé de la hauteur de quatre pouces, n'auront qu'à se servir de la même pâte des tourtes.

Observez la même façon pour la composition du dedans: la cuisson et les sauces en sont de même, la satisfaction qu'elles en auront, c'est de pouvoir, avec les mêmes mets, diversifier le coup-d'œil d'une table, et se faire honneur de leur savoir faire.

Voici la façon de faire la pâte brisée pour les pâtés froids.

Vous ferez plus ou moins de pâte, suivant ce que vous aurez besoin. Voici sur quoi vous vous réglerez.

Prenez un demi-boisseau de farine, deux livres de beurre, un demi-quarteron de sel fin; mettez cette farine sur la table; faites un trou dans le milieu pour y mettre le sel et le beurre : vous prenez de l'eau presque bouillante que vous mettez sur le beurre, et le maniez avec les mains dans cette eau jusqu'à ce qu'il soit tout-à-fait fondu ; vous mêlez ensuite la farine et la pétrissez à tour de bras le plus promptement que vous pouvez, jusqu'à ce qu'elle soit bien liée : plus la pâte est ferme, mieux elle est faite ; pourvu qu'elle soit bien liée ; vous laissez reposer cette pâte pendant trois heures avant de vous en servir, et dressez avec tel pâté de viande que vous jugerez à propos.

FAÇON DE FAIRE LES PÂTÉS DE TELLE ESPÈCE DE VIANDE QUE VOUS VOUDREZ METTRE EN PATE.

Prenez une rouelle de veau, gigot de mouton, perdrix, bécasses, filets de lièvre, poulardes, chapons, n'importe l'assaisonnement et la façon en sont les mêmes, à peu de choses près.

Dans tous les pâtés décrits ci-dessus, si vous voulez y mettre de la rouelle de veau pour garnir, elle fera bien où elle se trouvera. Les dindons désossés garnis de veau font encore d'excellens pâtés.

Des perdrix, bécasses, chapons, poulardes : après qu'ils sont vidés, troussez-leur les pattes dans le corps, et leur cassez un peu les os avec le dos d'un couperet : faites-les revenir sur la braise, après les avoir essuyés et épluchés ; lardez-les partout avec du gros lard manié dans le sel fin, fines épices mêlées, persil et ciboules hachées.

Vous faites la même chose pour le veau et le mouton ; à la réserve que vous ne les faites point revenir sur de la braise.

Quand votre viande est bien préparée, vous coupez des bardes de lard suffisamment pour couvrir toute votre viande.

Prenez la moitié de la pâte que vous arrondissez avec les mains en la roulant sur la table : ce que l'on appelle mouler la pâte ; vous la battez ensuite avec le rouleau, jusqu'à ce qu'elle soit de l'épaisseur d'un demi-doigt: mettez cette pâte sur une feuille de papier beurré, et dessus a pâte votre viande bien serrée l'une contre l'autre ; et lard, beaucoup de beurre par-dessus; mettez ensuite une abaisse de pâte moins épaisse que celle de dessous; mouillez avec un doroir les deux endroits qui doivent se toucher, pour qu'ils se collent bien ensemble: appuyez partout les doigts pour les unir: vous reprenez après le doroir que vous trempez dans de l'eau pour mouiller tout le dessus du pâté; relevez ensuite la pâte qui déborde pour la faire monter le long du pâté; unissez-la proprement, sans trop appuyer, crainte de percer la pâte.

Quand il est bien façonné, vous faites un trou vers le milieu du dessus, de la largeur d'un pouce; faites une cheminée de pâte, où vous mettrez une carte roulée, crainte que le trou ne se referme en cuisant; vous dorez ensuite par tout le pâté avec un œuf battu, blanc et jaune. Pour enjoliver le pâté, vous y mettrez des fleurs de lys, faites avec de la même pâte, et le redorerez une seconde fois, un moment avant de le mettre au four, vous mettrez par la cheminée du pâté deux cuillerées d'eau-de-vie: cela lui donnera un bon goût, sans sentir l'eau-de-vie, par le mélange des goûts qui seront ensemble.

Faites-le cuire au four au moins quatre heures; vous en jugerez suivant sa grosseur.

Gros entremets pour le milieu. Quand il sera cuit, vous le mettrez dans un endroit frais pour faire refroidir, et boucherez sa cheminée avec un morceau de pâte crue, jusqu'à ce que vous le serviez.

DE LA PATE APPELÉE FEUILLETAGE.

Prenez un litron de farine (c'est plus qu'il n'en faut pour faire une tourte d'entremets); mettez ce litron de farine sur la table avec un peu de sel et d'eau, ce que la farine peut boire: pétrissez un moment la farine avec l'eau; que cette pâte ne soit ni trop molle ni trop épaisse; laissez-la reposer deux heures avant de vous en servir; vous prenez presque autant de beurre que de pâte; abattez la pâte avec le rouleau; mettez le beurre dans le milieu, et donnez cinq tours en été et six en hiver. Ce que l'on appelle un tour, c'est battre la pâte avec le rouleau jusqu'à ce qu'elle soit de l'épaisseur d'un demi-doigt, en jetant de temps en temps légèrement un peu de farine.

Quand chaque tour est fini, vous repliez la pâte en trois, et recommencez chaque tour jusqu'à définition.

Vous vous servez de cette pâte pour faire toutes sortes de tourtes pour entremets, pour faire des petits pâtés, et autres sortes de gâteaux feuilletés.

GATEAU AU FROMAGE.

Entremets. Prenez du fromage de Brie qui soit bien gras,

pétrissez-le avec un litron et demi de farine, trois quarterons de beurre, très-peu de sel; vous mettez cinq ou six
œufs pour délayer votre pâte; quand elle est bien pétrie
vous la mouillerez pour la laisser reposer une heure; ensuite vous formerez votre gâteau à l'ordinaire pour le faire
cuire.

GATEAU D'AMENDES.

Entremets. Mettez sur une table un litron de farine;
faites un trou dans le milieu pour y mettre gros comme
la moitié d'un œuf de bon beurre, quatre œufs blanc et
jaune, une pincée de sel, un quarteron de sucre fin, six
onces d'amendes pilées très-fin; pétrissez le tout ensemble
et en formez un gâteau à l'ordinaire; faites-le cuire et le
glacez avec du sucre et la pelle rouge.

GATEAU DE SAVOIE.

Gros entremets froid. Mettez quatorze œufs dans une ba-
lance, et de côté autant pesant de sucre fin; ôtez le sucre, et mettez à la place de la farine la pesanteur de sept
œufs; ôtez la farine pour la mettre à part: cassez les œufs;
mettez avec les jaunes le sucre que vous avez pesé et un
peu de citron vert râpé, de la fleur d'orange grillée et hachée, battez le tout ensemble pendant une demi-heure;
ensuite vous y mettrez les blancs d'œufs bien fouettés et la
farine que vous avez pesée, que vous mettez doucement
en remuant à mesure le biscuit avec le fouet. Vous avez
une casserole de moyenne grandeur et profonde, ou une
poupetonnière, que vous frottez d'abord avec du beurre
affiné; essuyez-la bien avec un torchon, et y mettez du
beurre affiné pour qu'il s'étende partout: mettez-y votre
biscuit, et le faites cuire au four d'une chaleur modérée
pendant une bonne heure et demie. Quand il sera cuit,
vous le renverserez doucement sur un plat. S'il est d'une
belle couleur, il faudrait le glacer avec une glace blanche
qui se fait avec du sucre très-fin, un blanc d'œufs et le
jus de la moitié d'un citron: battez tout ensemble dans une
assiette de faïence avec une cuiller de bois, jusqu'à ce que
la glace soit blanche, et vous en servez pour couvrir tout
le gâteau. Ne servez que quand la glace sera sèche.

DU GATEAU A LA CRÈME.

Entremets. Mettez sur la table un litron de farine; faites
un trou dans le milieu pour y mettre un demi-setier de
crème double, une bonne pincée de sel: pétrissez légèrement la pâte; laissez-la reposer une demi-heure: ensuite
vous mettrez une bonne demi-livre de beurre dans la

pâte; abattez-la cinq fois comme une pâte à feuilletage ensuite vous en formerez un gâteau ou plusieurs petits dorez-les avec de l'œuf battu, et faites cuire au four : vous vous réglerez sur cette dose pour faire la quantité de gâteaux que vous voudrez.

GATEAU A LA DUCHESSE.

Entremets. On pétrit une demi-livre de farine avec un demi-poisson d'eau, une demi-livre de beurre, une demi-cuillerée d'eau de fleur d'orange, du citron vert haché très-fin, quatre œufs gros comme un pois de sel. On laisse reposer la pâte pendant deux heures et demie : ensuite on la bat avec le rouleau pour en former un gâteau de la grandeur d'un plat d'entremets ; cuit au four, on glace tout le dessus avec une glace blanche, qui se fait avec du sucre très-fin, délayé sur une assiette de terre ou de faïence, avec la moitié d'un blanc d'œuf et quelques gouttes de jus de citron pour la blanchir, que l'on ne met qu'à mesure que l'on bat la glace avec une cuiller de bois : on remet un moment le gâteau dans le four pour faire sécher la glace.

PATE ET GATEAU DE BRIOCHE.

Entremets. Mettez un litron de farine sur une table, et la pétrissez avec un peu d'eau chaude et un peu plus de demi-once de levure de bierre : si vous n'en avez point, vous mettrez à la place un petit morceau de levure de pain ; enveloppez cette pâte dans un linge, et la mettez revenir dans un endroit chaud pendant un quart-d'heure en été, et une heure en hiver : ensuite vous mettrez deux litrons de farine sur une table avec la pâte que vous avez faite en levain, une livre et demie de beurre, dix œufs, un demi-verre d'eau, près d'une once de sel fin : pétrissez le tout ensemble avec le plat des mains jusqu'à trois fois; saupoudrez-la de farine et l'enveloppez d'une nappe, pour la laisser revenir neuf ou dix heures : coupez cette pâte suivant la grosseur des gâteaux de brioche que vous voulez faire; moulez-les en les arrondissant avec les mains : aplatissez un peu le dessus ; dorez avec de l'œuf battu : faites-les cuire au four ; pour les petites une demi-heure suffit, et les grosses une heure et demie. Les pains bénits se font de cette même pâte.

FIN.

LIMOGES et ISLE
Imprimerie Ardent Frères.

www.ingramcontent.com/pod-product-compliance
Lightning Source LLC
Chambersburg PA
CBHW060549210326
41519CB00014B/3415